技工院校服务机器人应用与维护专业教材（中/高级技能层级）

ROS 机器人操作系统基础

主　编　朱启军
副主编　林旺东　吴洪东

中国劳动社会保障出版社

简介

本书主要内容包括 ROS 机器人操作系统的认知、ROS 架构的认知、命令行工具的使用、ROS 节点的启动、话题通信机制的实现、服务通信机制的实现、数据信息可视化的实现和机器人仿真环境搭建与仿真操作。

本书由朱启军任主编，林旺东、吴洪东任副主编，唐香平、何子聪、邓卫民、吕玉国、徐志强、周鲁宁参加编写，刘光明任主审。

图书在版编目（CIP）数据

ROS 机器人操作系统基础 / 朱启军主编 . -- 北京 : 中国劳动社会保障出版社，2024
技工院校服务机器人应用与维护专业教材 . 中 / 高级技能层级
ISBN 978-7-5167-6288-2

Ⅰ. ① R⋯ Ⅱ. ①朱⋯ Ⅲ. ①工业机器人 - 操作 - 技工学校 - 教材 Ⅳ. ① TP242.2

中国国家版本馆 CIP 数据核字（2024）第 052795 号

中国劳动社会保障出版社出版发行
（北京市惠新东街 1 号 邮政编码：100029）
*
保定市中画美凯印刷有限公司印刷装订 新华书店经销
787 毫米 ×1092 毫米 16 开本 13.25 印张 273 千字
2024 年 4 月第 1 版 2024 年 4 月第 1 次印刷
定价：29.00 元

营销中心电话：400-606-6496
出版社网址：http://www.class.com.cn
http://jg.class.com.cn

前言

Preface

近年来，在《“十四五”机器人产业发展规划》等国家发展战略以及地方系列扶持政策的支持下，我国机器人产业发展规模持续增长。以在家用、医疗、商业和教育等众多领域为人类提供服务为主要功能的服务机器人发展迅速，急需大量从事服务机器人销售、安装、调试及维护等工作的专业人才，且需求量随产业发展逐年提高。全国各技工院校根据产业发展需要，相继开设了服务机器人应用与维护专业，以培养符合市场需求的技能型人才。为了满足全国技工院校教学要求，全面提升教学质量，我们组织全国有关学校的教师和行业、企业专家，在充分调研企业用人需求和学校教学情况、吸收借鉴各地技工院校教学改革的成功经验的基础上，根据人力资源社会保障部颁布的《全国技工院校专业目录》及相关教学文件，开展了技工院校服务机器人应用与维护专业教材的研究开发工作。

本次教材开发工作的重点主要体现在以下几个方面。

合理构建教材体系

按照工学一体化技能人才培养模式，参照《服务机器人应用与维护专业工学一体化课程设置方案》设置的公共基础课程、专业基础课程、工学一体化课程和选修课程构建教材体系。本次我们重点开发了《服务机器人基础》《Python 程序设计基础》《ROS 机器人操作系统基础》三种服务机器人应用与维护专业独有的专业基础课程教材。

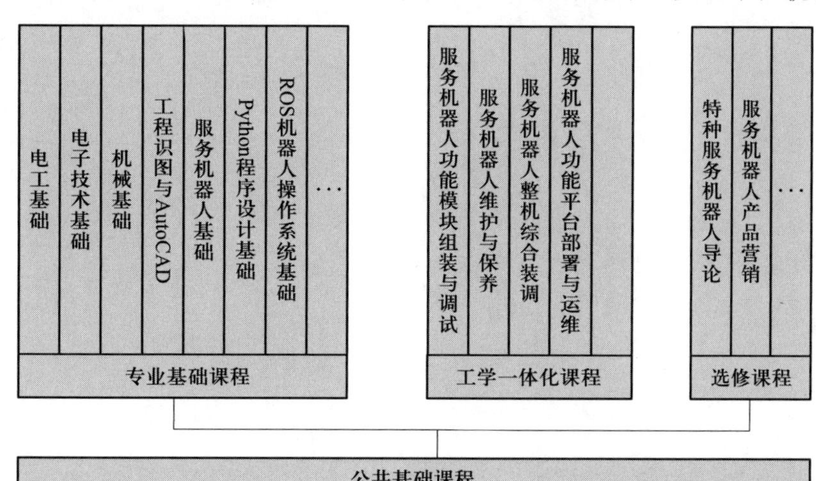

突出职业教育特色

坚持以能力为本位，突出职业教育特色。根据技工院校学生认知规律，将理论知识的讲解与工作任务载体有机结合，充分激发学生的学习兴趣，提高学生的实践能力。同时，在教材中突出对学生创新意识和创新能力的培养。

科学确定教材内容

以《服务机器人应用技术员国家职业技能标准》等为依据，根据服务机器人应用与维护专业毕业生就业岗位的实际需要和教学实际情况，合理确定学生应具备的能力和知识结构，设计教材的深度、难度和广度；根据最新的国家标准、行业标准编写教材，保证教材内容的科学性和规范性。

丰富教材表现形式

为了使教材内容更加直观、形象，根据学生的认知规律，教材充分利用图片等形式展示知识内容和操作步骤，使学生更直观地理解和掌握所学内容；部分教材采用彩色印刷，图文并茂，增强了教材内容的表现效果，提高了教材的可读性。

提供丰富教学资源

为方便教师教学和学生学习，配套开发习题册、电子课件和习题册参考答案等教学资源。除此之外，还针对教材中的重点、难点内容，开发制作了演示微视频，可使用移动设备扫描书中二维码在线观看。电子课件和习题册参考答案可通过技工教育网（http://jg.class.com.cn）下载使用。

致谢

在教材的开发过程中，得到了广州慧谷动力科技有限公司的大力支持，保证了教材的编写质量和配套资源的顺利开发，在此表示感谢。此外，本次教材的编写工作还得到了广州市机电技师学院、河南医药健康技师学院、阜阳技师学院等学校的大力支持，在此我们表示诚挚的谢意。

编者

2024 年 3 月

目　录

Contents

项目一
ROS 机器人操作系统的认知

在本专业体系中，对机器人操作系统（robot operating system，ROS）基本概念的认识和理解，以及对于 ROS 使用过程中问题解决能力的培养，都具有非常重要的意义。本项目将对 ROS 机器人操作系统进行初步认知。通过本项目的学习，应当能够了解 ROS 的发展历程和特点，并且掌握在 Ubuntu 系统（以桌面应用为主的 Linux 操作系统）中安装与配置 ROS 的方法。

学习目标

- ✧ 了解 ROS 的发展历程和特点
- ✧ 掌握在 Ubuntu 系统中安装与配置 ROS 的方法

项目任务

- ✧ 任务一　了解 ROS 机器人操作系统
- ✧ 任务二　安装 ROS 机器人操作系统

任务一 了解 ROS 机器人操作系统

任务目标

1. 了解 ROS 的发展历程
2. 了解 ROS 的特点
3. 掌握根据不同需求下载 ROS 对应资源的方法

课前预习

预习本任务的基础知识，回答以下问题：

1. ROS 起源于（　　）的合作。

A. STAIR 项目和 PR2 项目

B. 机器人技术公司 Willow Garage 的个人机器人项目和 PR2 项目

C. STAIR 项目和机器人技术公司 Willow Garage 的个人机器人项目

D. PR2 项目和 TurtleBot 项目

2. ROS 2.0 在 2017 年发布，采用了更先进的________架构，具有更高的可靠性，能够支持实时性和嵌入式系统。

3. ROS 提供的常用的组件化工具包包括：________、________、________、________。

4. ROS 的特点为________________、________________________、________________________、________________________、________________。

基础知识

一、ROS 的发展历程

ROS 起源于 2007 年斯坦福大学人工智能实验室的 STAIR 项目与机器人技术公司 Willow Garage（柳树车库机器人技术公司）的个人机器人项目之间的合作，2008 年之后由 Willow Garage 公司接手并继续研究。ROS 1.0 于 2010 年 3 月发布，ROS 的出现极大地提高了机器人软件的复用率，避免机器人研究者们把大量时间花在重复配置软件上。著名的个人机器人 PR2 也在同年诞生，它可以实现开门、叠衣服、找到插头并给自己充电等复杂的操作，这引发了个人机器人研发的热潮。但由于 PR2 价格昂贵，难以推广，2011 年 Willow Garage 公司开发了一款入门级的机器人平台——TurtleBot，为机器人爱好者和开发者提供了一个基础平台，让他们可以直接使用 TurtleBot 自带的软、硬件，专注于应用程序的开发。随着 ROS 社群的快速壮大，2012 年 5 月，美国明尼苏达州开展了第一届 ROSCon（机器人操作系统会议），此后 ROSCon 每年都会举办一次，为全世界的 ROS 开发人员提供了一个交流的机会。

为了保障公司的正常运营，Willow Garage 公司成立了非营利性机构——开源机器人基金会（Open Source Robotics Foundation，简称 OSRF），该基金会接受来自个人、政府和公司的捐款。自 2013 年起，OSRF 负责 ROS 的开发和维护，并推动机器人仿真平台 Gazebo 的发展。在 OSRF 的推动下，ROS 相继发布了多个版本的软件，包括 Groovy、Hydro、Indigo、Kinetic Kame、Logger head、Melodic Morenia、Noetic Ninjemys 等。这些版本的发布进一步增强了 ROS 的功能和性能，使其成为广泛应用于机器人领域的先进开源框架。

ROS 最初是为家庭服务机器人和学术研究领域开发的。然而，令人意外的是，ROS 被广泛应用于各种机器人领域，包括工业机械手臂、自动驾驶汽车和飞行器等。随着应用场景的不断扩大，出现了一系列新的需求，如多机器人集群、嵌入式平台机器人和实时系统等。为了满足这些需求，OSRF 在 2017 年发布了 ROS 2.0 系统，它采用了更先进的分布式架构，具备更高的可靠性，并且提供对实时性和嵌入式设备的全面支持。ROS 的发展历程如图 1-1-1 所示。

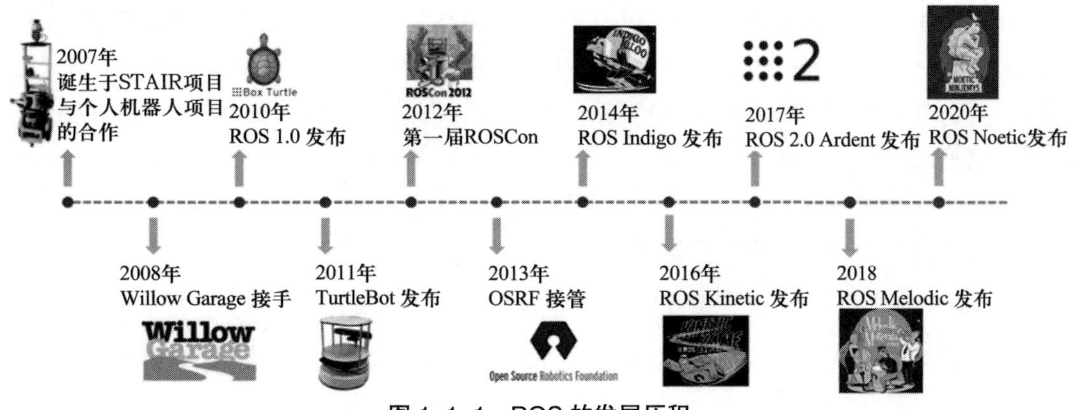

图 1-1-1　ROS 的发展历程

二、ROS 的特点

ROS 具有以下特点：点对点设计、支持多种编程语言、架构精简和集成度高、组件化工具包丰富、免费且开源。

1. 点对点设计

一个基于 ROS 的系统可以通过建立一系列节点单元来实现功能。这些节点可以分布在不同的主机上，并通过端到端的拓扑结构进行通信。ROS 的点对点设计以及服务和节点管理器机制可以有效地分担计算机视觉等功能带来的计算压力，从而应对多机器人控制所面临的挑战。ROS 的点对点设计体现在以下四个方面：

（1）节点单元。

（2）分布式网络。

（3）RPC+TCP/UDP 通信系统。

（4）适合多机通信。

2. 支持多种编程语言

不同开发者会偏向使用不同的编程语言，为了解决这个问题，ROS 被设计成语言中立性的框架架构，支持 C++、Python、Java、Lisp 等不同的编程语言，同时也包含其他语言的接口。为了实现交叉语言功能，ROS 利用了与语言无关的接口定义语言（举个例子，供水系统中往往不止一种规格和口径的管道，而与语言无关的接口定义语言的功能则类似衔接各种不同种类管道的阀门）去描述模块之间的消息传送。

3. 架构精简、集成度高

为了实现机器人软件工程中的可重用驱动和算法在其他领域的应用，OSRF 开发者们鼓励将这些驱动和算法从 ROS 中提取出来，形成与 ROS 无依赖性的独立库。ROS 系统具有模块化的特点，其中的代码可以进行单独编译。ROS 将复杂的代码封装在库中，并通过小型应用程序来展示这些库的功能。ROS 利用了许多开源项目的代码，如从 Player 项目中借用了驱动、运动控制和仿真方面的代码，从 OpenCV 中借用了视觉方面的代码等。在每个实例中，ROS 用于显示多种配置选项，并与其他软件进行数据通信，同时对它们进行微小的封装和改动。这使得 ROS 能够在社区维护中不断升级，包括从其他软件库和应用程序补丁中获取升级的源代码。通过这样的方式，ROS 保持了与其他项目的紧密合作，不断推动技术的进步。

4. 组件化工具包丰富

为了管理复杂的软件架构，ROS 利用大量的工具编译和运行多种多样的组件。这些工具承担了各种各样的任务，如组织源代码的结构、获取和设置配置参数、形象化端对端的拓扑连接等，一些常见的 ROS 组件化工具包如下：

（1）3D 可视化工具——RViz。

（2）物理仿真环境——Gazebo。

（3）数据记录工具——rosbag。

（4）图形化用户接口框架 Qt 工具箱——rqt_*。

5. 免费且开源

ROS 的所有源代码都是公开发布的，这将促进 ROS 软件在各层级的调试，有利于不断改正错误。ROS 遵循 BSD（Berkeley Software Distribution）许可，也就是允许各种商业和非商业的工程进行开发，同时可修改、可复用。

三、ROS 的社区

使用 ROS 的人越来越多，其中一个原因是它具有良好的社区生态。机器人的学习和开发可以利用 ROS 开源社区中丰富的资源，通过网络共享和下载获取需要的软件和知识。常见的关于 ROS 的社区包括 ROS 官方网站（http://wiki.ros.org/）、创客智造（https://www.ncnynl.com/）、易科机器人实验室（https://exbot.net/）、古月居（https://www.guyuehome.com/）等。

四、源代码的下载

在进行应用的开发和学习时，可以使用和借鉴他人开源的代码。通过 GitHub 网站（面向开源及私有软件项目的托管平台，开发者们可以在这里创建“仓库”存放自己的私有项目，或者与其他开发者共同参与开源项目的开发）下载代码有以下两种方式：

1. 通过命令下载

源代码下载用 Git 工具，通常使用以下命令：

```
$ git clone <git address>
```

例如：

```
$ git clone https://github.com/ros/ros.git
```

<git address> 地址的获取方法如图 1–1–2 所示，在 GitHub 的 ros“仓库”中，单击“Clone or download”，打开“Clone with HTTPS”对话框就能获得下载的地址。

2. 直接下载

可以直接在 GitHub 相应的“仓库”中单击“Download ZIP”，下载源代码的压缩文件，如图 1–1–3 所示。

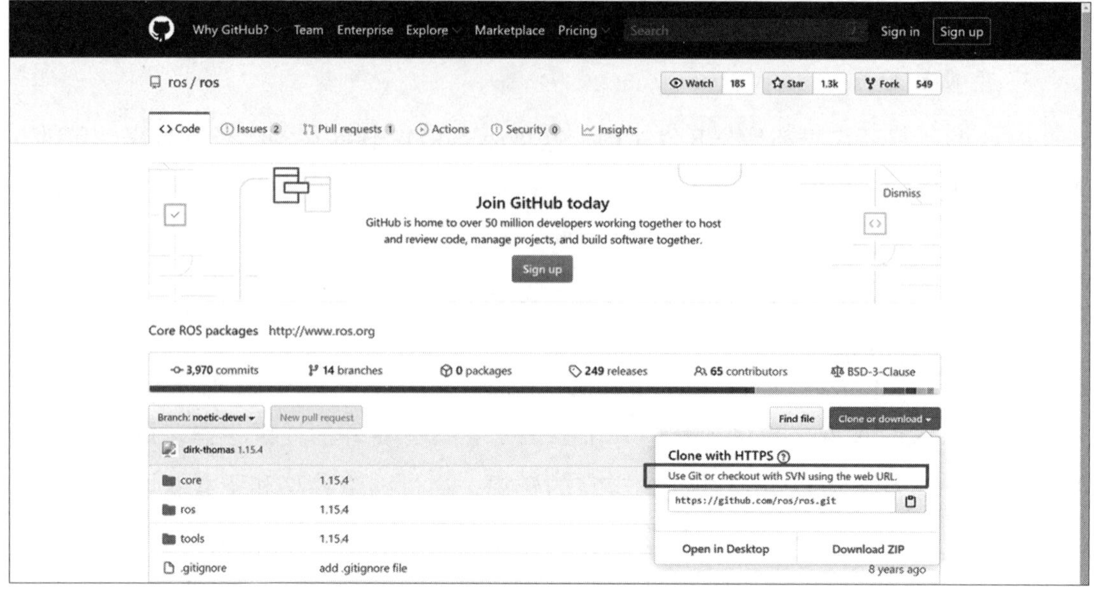

图 1–1–2 <git address> 地址的获取方法

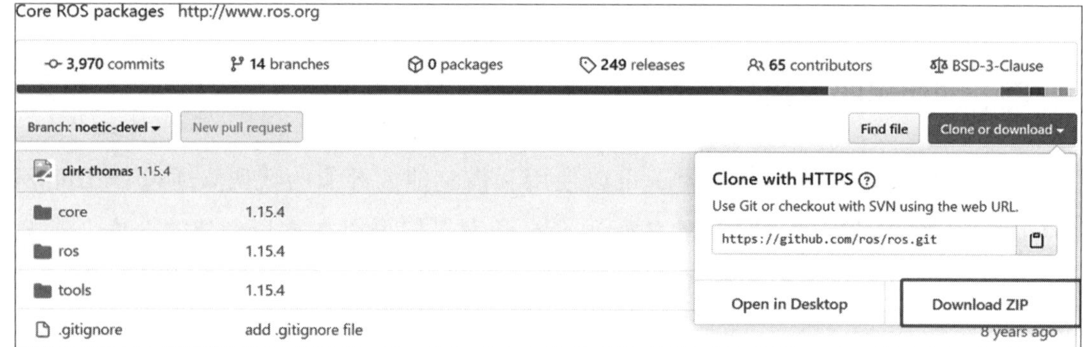

图 1–1–3 直接下载源代码

任务小结

谈谈你对 ROS 机器人操作系统的理解，如定义、特点等，记录在表 1–1–1 中。

表 1–1–1 任务小结

课后拓展

1. 查阅资料，了解 ROS 1.0 和 ROS 2.0 的区别。
2. 通过 ROS 相关社区了解其他人使用 ROS 完成的比较新奇的项目。

安装 ROS 机器人操作系统

任务目标

1. 掌握终端的打开方式
2. 掌握通过 apt-get 方式安装软件的方法
3. 掌握 ROS 环境的配置方法
4. 能在 Ubuntu 系统中安装 ROS 并进行环境配置和测试

课前预习

预习本任务的基础知识，回答以下问题：

1. 打开终端窗口的组合键是________________。
2. Ubuntu 系统中安装软件的常用方法有__________、__________、__________________。

基础知识

一、终端的打开方式

终端可以通过命令的方式对文件和程序进行操作。在学习 ROS 的过程中，经常需要自己构建并调整一些简单的程序，这时需要用终端进行操作。在 Ubuntu 系统中打开终端的方式有两种：

1. 在空白位置右击鼠标，打开快捷菜单，单击“打开终端”，如图 1–2–1 所示。

2. 按“Ctrl” + “Alt” + “T” 组合键直接打开终端窗口，如图 1–2–2 所示。

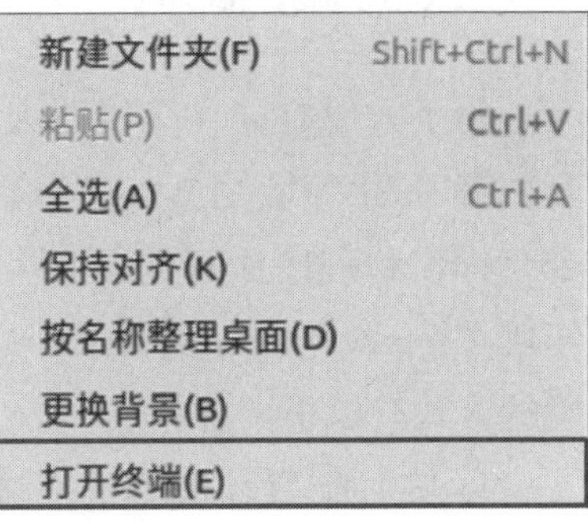

图 1–2–1　单击“打开终端”

图 1-2-2　终端窗口

二、软件的安装

在 Ubuntu 系统中，软件安装方法有多种，包括 apt-get、dpkg、make install 等。其中，apt-get 是最常用的一种方法，可以自动安装软件所需的依赖包，具体使用方法如下：

安装软件：

```
$ sudo apt-get install < 软件名称 >
```

卸载软件：

```
$ sudo apt-get remove < 软件名称 >
```

使用 sudo 指令时需要输入本机密码。

三、环境的配置

为了方便在同一个机器人上对不同版本的 ROS 和功能包进行开发，ROS 设计了一套依赖 shell 环境变量（操作系统中用来存储和访问重要信息的变量，它们可以影响命令行操作和程序执行的行为）的环境管理方法。在安装 ROS 的过程中，系统提示需要使用“source”命令执行某个后缀为“.sh”的脚本文件，这是必须执行的步骤。配置环境的方式有以下两种：

1. 临时配置环境。在终端中输入以下命令后，可以完成当前终端环境的配置。然而，当再次打开一个新的终端时，新终端将不会自动继承之前的环境配置，因为每个终端都有独立的环境。

```
$ source *.sh
```

2. 持久配置环境。在终端中输入以下命令后，可以成功配置当前终端的环境，且新建的终端也会自动应用相同的环境配置。这是因为这些命令将环境配置写入了适当的配置文件（如后缀为“.bashrc”或“.profile”的文件），使得每次打开终端时都能加载并应用这些配置，确保环境配置的持久性和全局性。

```
$ echo "source /opt/ros/melodic/setup.bash" >> ~/.bashrc
$ source ~/.bashrc
```

环境配置完毕后，可以输入以下命令查看配置是否成功，该命令可以查找并显示所有包含 ROS 的环境变量：

```
$ printenv | grep ROS
```

任务实施

本任务将学习在 Ubuntu 系统中安装 ROS 的方法，并对安装后的 ROS 进行环境配置和测试。本教材使用的 Ubuntu 系统版本为 18.04，ROS 版本为 Melodic。

一、设置 ROS 下载的源地址

如图 1–2–3 所示，在终端中输入以下命令，设置 ROS 下载的源地址。设置的过程中要输入系统的终端密码，在 Linux 终端中，输入密码时不会显示相应的变动或字符，这是一种安全性设计，正常输入即可。

```
$ sudo sh -c 'echo "deb http://packages.ros.org/ros/ubuntu $（lsb_release -sc）main" > /etc/apt/sources.list.d/ros-latest.list'
```

图 1–2–3　设置 ROS 下载的源地址

二、下载安装密钥

如图 1–2–4 所示，在同一个终端中输入以下命令，下载安装密钥：

$ sudo apt-key adv --keyserver 'hkp://keyserver.ubuntu.com:80' --recv-key C1CF6E31E6BADE8868B172B4F42ED6FBAB17C654

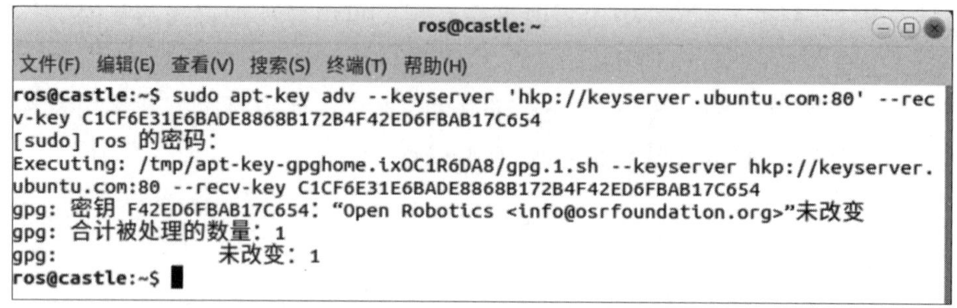

图 1-2-4　下载 ROS 安装密钥

如果之前已经添加过一次密钥，图 1-2-4 中会显示“未改变”。如果密钥失效，可到 ros 官方网站（http://wiki.ros.org/melodic/Installation/Ubuntu）获取最新的密钥，如图 1-2-5 所示。

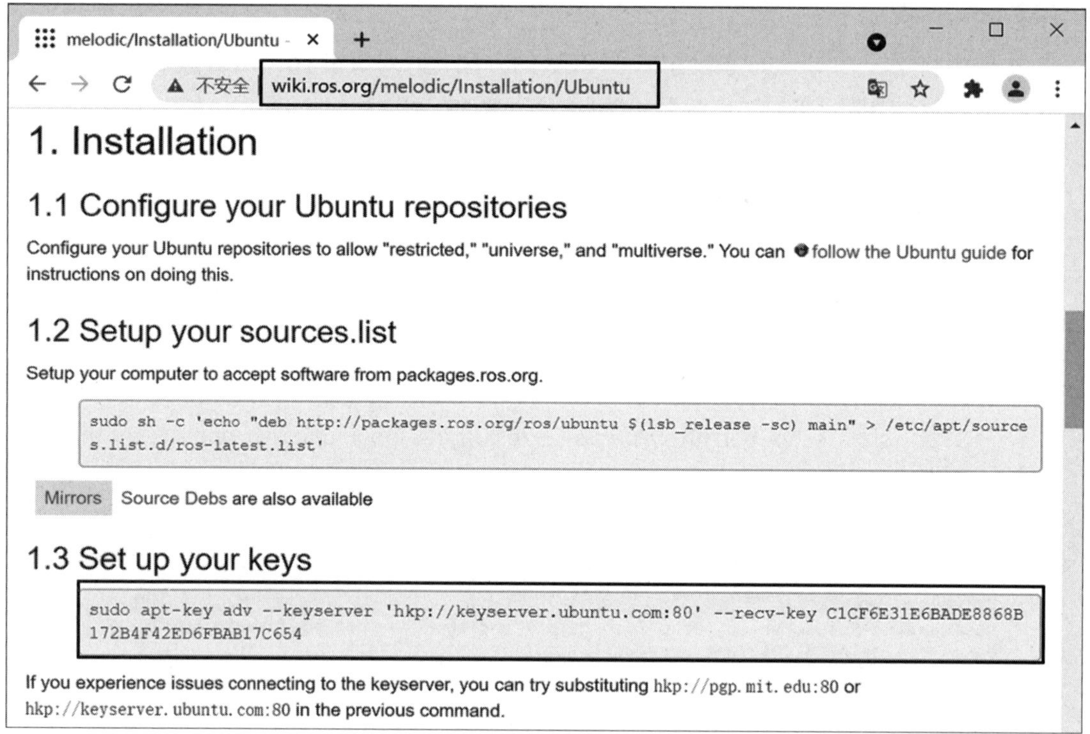

图 1-2-5　获取最新密钥

三、更新软件包索引

虽然已经配置了 ROS 的安装源地址和密钥，但是 apt 软件列表中还没有包含 ROS

的信息。为了获取 ROS 相关软件的索引，需要使用 update 命令来更新软件列表。在终端中输入以下命令进行更新，如图 1–2–6 所示。

```
$ sudo apt-get update
```

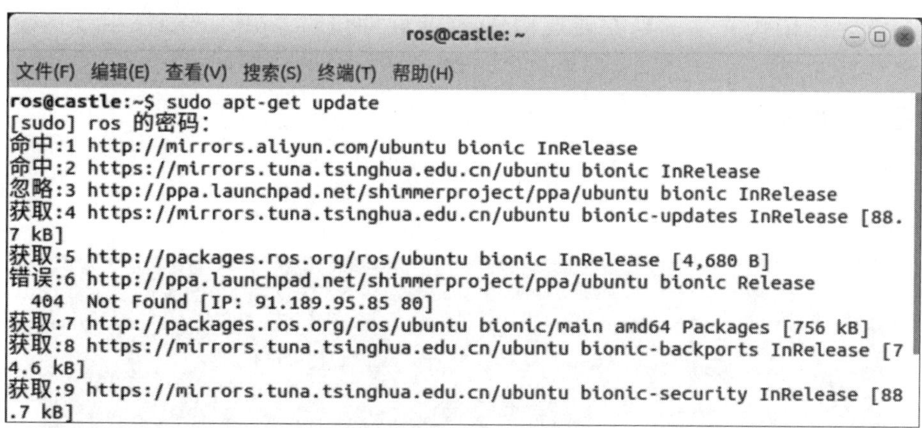
```
ros@castle:~$ sudo apt-get update
[sudo] ros 的密码:
命中:1 http://mirrors.aliyun.com/ubuntu bionic InRelease
命中:2 https://mirrors.tuna.tsinghua.edu.cn/ubuntu bionic InRelease
忽略:3 http://ppa.launchpad.net/shimmerproject/ppa/ubuntu bionic InRelease
获取:4 https://mirrors.tuna.tsinghua.edu.cn/ubuntu bionic-updates InRelease [88.7 kB]
获取:5 http://packages.ros.org/ros/ubuntu bionic InRelease [4,680 B]
错误:6 http://ppa.launchpad.net/shimmerproject/ppa/ubuntu bionic Release
  404  Not Found [IP: 91.189.95.85 80]
获取:7 http://packages.ros.org/ros/ubuntu bionic/main amd64 Packages [756 kB]
获取:8 https://mirrors.tuna.tsinghua.edu.cn/ubuntu bionic-backports InRelease [74.6 kB]
获取:9 https://mirrors.tuna.tsinghua.edu.cn/ubuntu bionic-security InRelease [88.7 kB]
```

图 1–2–6　更新 apt 列表

四、完整安装 Melodic 桌面（推荐）

在终端中输入以下命令即可下载并安装 ROS 系统，如图 1–2–7 所示。当终端中显示询问是否进行安装时，先输入“y”（不区分大小写）再按回车键，即可开始下载安装。

```
$ sudo apt-get install ros-melodic-desktop-full
```

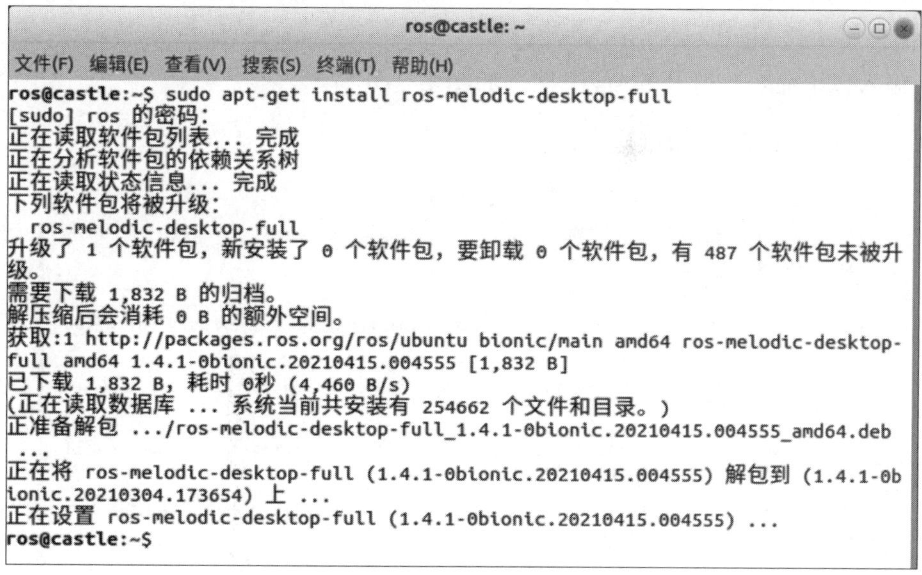
```
ros@castle:~$ sudo apt-get install ros-melodic-desktop-full
[sudo] ros 的密码:
正在读取软件包列表... 完成
正在分析软件包的依赖关系树
正在读取状态信息... 完成
下列软件包将被升级:
  ros-melodic-desktop-full
升级了 1 个软件包，新安装了 0 个软件包，要卸载 0 个软件包，有 487 个软件包未被升级。
需要下载 1,832 B 的归档。
解压缩后会消耗 0 B 的额外空间。
获取:1 http://packages.ros.org/ros/ubuntu bionic/main amd64 ros-melodic-desktop-full amd64 1.4.1-0bionic.20210415.004555 [1,832 B]
已下载 1,832 B，耗时 0秒 (4,460 B/s)
(正在读取数据库 ... 系统当前共安装有 254662 个文件和目录。)
正准备解包 .../ros-melodic-desktop-full_1.4.1-0bionic.20210415.004555_amd64.deb ...
正在将 ros-melodic-desktop-full (1.4.1-0bionic.20210415.004555) 解包到 (1.4.1-0bionic.20210304.173654) 上 ...
正在设置 ros-melodic-desktop-full (1.4.1-0bionic.20210415.004555) ...
ros@castle:~$
```

图 1–2–7　完整安装 Melodic 桌面

五、初始化并更新 rosdep

在终端中依次输入以下命令，完成 rosdep（ROS 中的一个工具，用于解决 ROS 软件包在系统上的依赖关系，当安装或构建 ROS 软件包时，rosdep 的作用就是检查这些依赖关系并帮助用户自动安装或配置所需的依赖项，以确保软件包可以正常运行）的初始化和更新，如图 1–2–8 所示。

```
$ sudo rosdep init
$ rosdep update
```

```
ros@castle: ~
文件(F) 编辑(E) 查看(V) 搜索(S) 终端(T) 帮助(H)
ros@castle:~$ sudo rosdep init
[sudo] ros 的密码:
ERROR: default sources list file already exists:
        /etc/ros/rosdep/sources.list.d/20-default.list
Please delete if you wish to re-initialize
ros@castle:~$ rosdep update
reading in sources list data from /etc/ros/rosdep/sources.list.d
Hit https://raw.githubusercontent.com/ros/rosdistro/master/rosdep/osx-homebrew.y
aml
Hit https://raw.githubusercontent.com/ros/rosdistro/master/rosdep/base.yaml
Hit https://raw.githubusercontent.com/ros/rosdistro/master/rosdep/python.yaml
Hit https://raw.githubusercontent.com/ros/rosdistro/master/rosdep/ruby.yaml
Hit https://raw.githubusercontent.com/ros/rosdistro/master/releases/fuerte.yaml
Query rosdistro index https://raw.githubusercontent.com/ros/rosdistro/master/ind
ex-v4.yaml
Skip end-of-life distro "ardent"
Skip end-of-life distro "bouncy"
Skip end-of-life distro "crystal"
Skip end-of-life distro "dashing"
```

图 1–2–8　初始化并更新 rosdep

由于服务器网络原因，执行以上命令可能无法正常完成 rosdep 的初始化，可以通过以下操作来解决这一问题。

1. 输入以下命令，打开 hosts 文件，如图 1–2–9 所示。

```
$ sudo gedit /etc/hosts
```

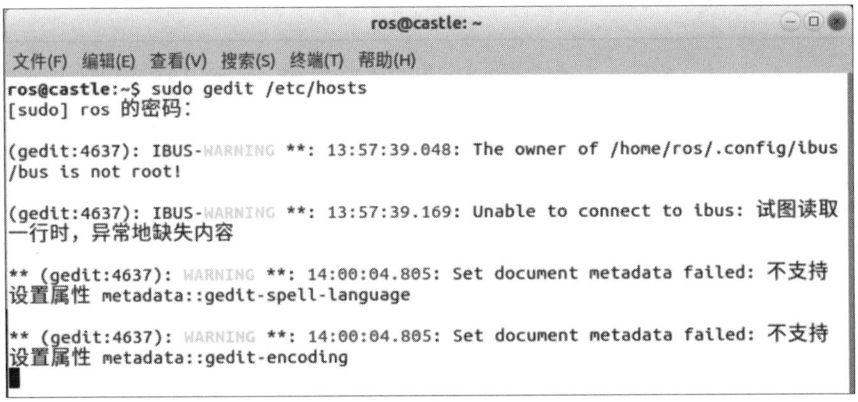

```
ros@castle: ~
文件(F) 编辑(E) 查看(V) 搜索(S) 终端(T) 帮助(H)
ros@castle:~$ sudo gedit /etc/hosts
[sudo] ros 的密码:

(gedit:4637): IBUS-WARNING **: 13:57:39.048: The owner of /home/ros/.config/ibus
/bus is not root!

(gedit:4637): IBUS-WARNING **: 13:57:39.169: Unable to connect to ibus: 试图读取
一行时，异常地缺失内容

** (gedit:4637): WARNING **: 14:00:04.805: Set document metadata failed: 不支持
设置属性 metadata::gedit-spell-language

** (gedit:4637): WARNING **: 14:00:04.805: Set document metadata failed: 不支持
设置属性 metadata::gedit-encoding
```

图 1–2–9　打开 hosts 文件

2. 在文件中添加以下内容并保存修改，如图 1-2-10 所示。保存后再次输入 rosdep 的初始化和 rosdep 的更新命令即可。

```
199.232.68.133 raw.githubusercontent.com
```

图 1-2-10　在文件中添加内容

六、设置 ROS 环境

1. 在终端中输入以下命令进行 ROS 环境设置，如图 1-2-11 所示。

```
$ echo "source /opt/ros/melodic/setup.bash" >> ~/.bashrc
$ source ~/.bashrc
```

图 1-2-11　设置环境

2. 在终端中输入以下命令，查看 ROS 环境设置是否完成，如图 1-2-12 所示。

```
$ printenv | grep ROS
```

图 1-2-12　查看环境

七、安装 rosinstall 工具

在终端中输入以下命令后，输入“y”并按回车键，然后下载安装，等待一段时间后，安装完成，如图 1–2–13 所示。

```
$ sudo apt-get install python-rosinstall python-rosinstall-generator python-wstool build-essential
```

```
ros@castle: ~
文件(F) 编辑(E) 查看(V) 搜索(S) 终端(T) 帮助(H)
ros@castle:~$ sudo apt-get install python-rosinstall python-rosinstall-generator
 python-wstool build-essential
[sudo] ros 的密码:
正在读取软件包列表... 完成
正在分析软件包的依赖关系树
正在读取状态信息... 完成
build-essential 已经是最新版 (12.4ubuntu1)。
python-rosinstall 已经是最新版 (0.7.8-1)。
python-rosinstall-generator 已经是最新版 (0.1.22-1)。
python-wstool 已经是最新版 (0.1.17-1)。
升级了 0 个软件包，新安装了 0 个软件包，要卸载 0 个软件包，有 487 个软件包未被升
级。
ros@castle:~$
```

图 1–2–13　安装 rosinstall 工具

八、安装测试

1. 输入以下命令，打开节点管理器，roscore 正常启动界面如图 1–2–14 所示。

```
$ roscore
```

```
roscore http://castle:11311/
文件(F) 编辑(E) 查看(V) 搜索(S) 终端(T) 帮助(H)
ros@castle:~$ roscore
... logging to /home/ros/.ros/log/1b54bd80-a7ea-11eb-9bec-000c29f08e28/roslaunch
-castle-5306.log
Checking log directory for disk usage. This may take a while.
Press Ctrl-C to interrupt
Done checking log file disk usage. Usage is <1GB.

started roslaunch server http://castle:36525/
ros_comm version 1.14.10


SUMMARY
========

PARAMETERS
 * /rosdistro: melodic
 * /rosversion: 1.14.10

NODES

auto-starting new master
process[master]: started with pid [5317]
ROS_MASTER_URI=http://castle:11311/

setting /run_id to 1b54bd80-a7ea-11eb-9bec-000c29f08e28
process[rosout-1]: started with pid [5328]
started core service [/rosout]
```

图 1–2–14　roscore 正常启动界面

2. 打开一个新终端，输入以下命令，RViz 正常启动界面如图 1-2-15 所示。

```
$ rosrun rviz rviz
```

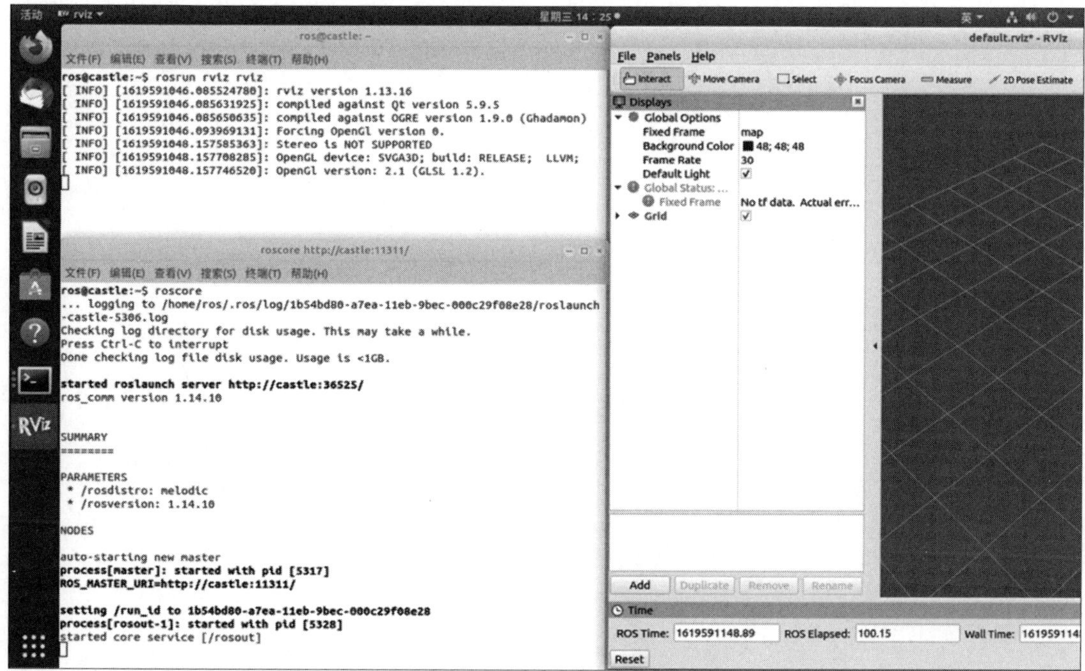

图 1-2-15　RViz 正常启动界面

任务小结

总结安装 ROS 的步骤和安装过程中遇到的问题及其解决方法，记录在表 1-2-1 中。

表 1-2-1　任务小结

课后拓展

1. 查找其他 ROS 命令行工具并进行测试。

2. 本任务中安装的 ROS 版本是 Melodic，若要安装其他版本的 ROS，需要具备什么前提条件？应如何安装？

项目二 ROS 架构的认知

ROS 提供了一个灵活且功能丰富的软件平台，用于构建各种类型的机器人系统。本项目将研究 ROS 的架构，包括其核心组件、节点模型、消息传递机制等。学习如何启动节点，以及如何通过 ROS 的命令行工具和图形界面工具与小海龟节点进行交互，探索 ROS 的通信机制在小海龟节点中的应用。

学习目标

- ✧ 了解 ROS 的架构及 ROS 相关概念，掌握 ROS 文件系统的组成
- ✧ 掌握 ROS 节点的启动方式
- ✧ 了解 ROS 的通信机制

项目任务

- ✧ 任务一　ROS 整体架构的介绍
- ✧ 任务二　启动 ROS 第一个节点——小海龟仿真
- ✧ 任务三　ROS 的通信机制在小海龟中的应用

任务一 ROS 整体架构的介绍

任务目标

1. 了解 ROS 的架构设计
2. 掌握 ROS 的节点、话题、服务等相关概念
3. 掌握 ROS 文件系统的组成

课前预习

预习本任务的基础知识，回答以下问题：

1. 在 ROS 架构中，操作系统层依赖__________系统才能正常工作。
2. __________是 ROS 中执行运算任务的基本进程单位。
3. 节点之间通过发布和订阅__________来传递消息。

基础知识

一、ROS 的架构设计

ROS 的架构可以分为三个层次：操作系统层、中间层和应用层，如图 2-1-1 所示。

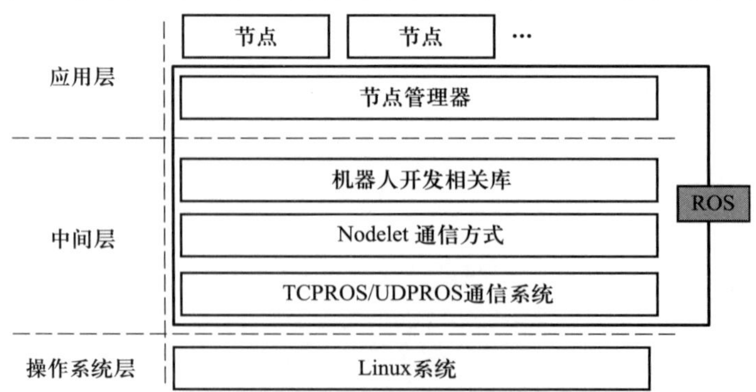

图 2-1-1　ROS 的架构

1. 操作系统层

ROS 与传统操作系统不同，它不是直接在机器硬件上运行的操作系统，而是需要依赖 Linux 系统才能正常工作。因此，可以选择在 ROS 官方支持的桌面型 Linux 系统（如 Ubuntu 操作系统）上运行 ROS（建议优先考虑 ROS 官方支持的桌面型 Linux 系统，特别是 Ubuntu 操作系统，因为它们具有更好的兼容性和稳定性）。此外，也可以在其他使用 Linux 内核的操作系统上运行 ROS，如 Arch、Debian 等。

这种依赖于 Linux 系统的设计使得 ROS 能够充分利用 Linux 的稳定性和强大的功能来支持机器人应用。ROS 在 Linux 系统上与操作系统内核和硬件之间建立了联系，提供了丰富的机器人开发和控制功能。

2. 中间层

Linux 是一个通用的操作系统，没有专门为 ROS 开发设计的特殊中间件。因此，ROS 在中间层面承担了很多工作，以衔接网络上的应用系统和不同部分，实现资源和功能的共享。其中，ROS 基于 TCP/UDP 进行网络封装，并设计了一套基于 TCPROS/UDPROS 的通信系统。这个通信系统采用了发布 / 订阅和客户端 / 服务器等通信模型，实现了多种机制的数据传输。

除了 TCPROS/UDPROS 通信系统，ROS 还提供了一种进程内的通信方式，即 Nodelet。Nodelet 是为了优化多进程通信而提供的数据传输方式，它能够提高数据通信的实时性。

在这两种通信方式的基础上，ROS 还提供了大量与机器人开发相关的开源库。用户可以直接调用这些库，并进行个性化修改，以满足特定需求。通过在基础功能上添加个性化功能，用户可以快速构建自己的机器人系统。这种灵活性使得用户能够在短时间内完成机器人的搭建，同时充分利用 ROS 提供的开源资源。

3. 应用层

在应用层，ROS 的正常运行需要一个管理器——ROS master。ROS master 即节点管理器，负责管理整个系统的正常运行。ROS 社区中分享了丰富的机器人应用功能包，这些功能包内的模块以节点为基本单元运行，依照 ROS 标准的输入、输出接口进行通信。开发者使用这些功能包时，无须深入关注模块内部的细节，只需熟悉接口规范即可轻松实现功能复用，有效提高了开发效率。

二、ROS 的相关概念

ROS 的功能模块是以节点为单位单独运行的，可以分布在多个主机里，当系统运行时通过端对端的拓扑结构进行连接。ROS 的相关概念如下：

1. 节点（node）：节点是 ROS 中最小的进程单元，一个软件包中可以有多个可执行文件（可以由操作系统进行加载、执行的文件），可执行文件在运行后就成为一个进程，这个进程在 ROS 中称为节点。节点通常是通过编译生成的可执行文件或由 Python 脚本组成，可以使用 C++ 或 Python 编程语言编写。节点是 ROS 中执行运算任务的基本单位，它类似于普通的计算机进程，但具有额外的功能，使其能够方便地与其他节点进行通信和协作。在 ROS 中，一个机器人控制系统通常由多个节点组成，每个节点负责不同的功能模块或任务。

2. 消息（message）：消息是一种数据结构，支持多种数据类型（整型、浮点型、布尔型、字符串型、数组型等），同时也支持消息的嵌套定义。

3. 话题（topic）：也称为主题，是消息的载体。节点之间通过发布和订阅话题来传递消息。

4. 服务（service）：服务是应答模式的信息交互方式，它基于客户端 / 服务器模型。与话题的主要不同之处是，当服务端接收到客户端的请求时，会对请求做出响应。

5. 节点管理器：节点管理器是 ROS 运行的核心，其主要功能是登记注册节点、服务和话题的名称。节点与话题或服务的连接需要通过节点管理器进行匹配，没有节点管理器是无法启动节点的。

三、ROS 的文件系统

类似于操作系统，ROS 将所有文件按照一定的规则进行组织，不同功能的文件被放置在不同文件夹下，工作空间（存放工程开发相关文件的文件夹）如图 2–1–2 所示。

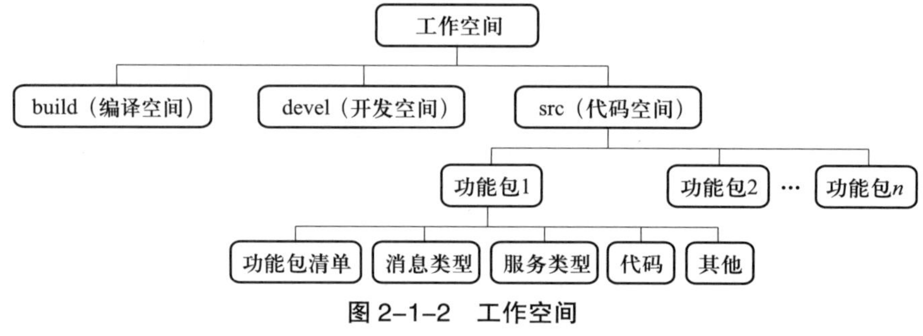

图 2–1–2　工作空间

ROS 系统通过工作空间为不同的项目配置独立的环境和代码。当有多个项目时，可以为每个项目建立专属的工作空间，使用时只需要切换工作空间即可调用不同项目的功能包和程序。ROS 默认使用 Catkin 编译系统（用于在工作区构建代码的便捷工具），编译产生的工作空间文件结构如下：

1. src（代码空间）：储存所有 ROS 功能包的源代码。

2. build（编译空间）：储存工作空间编译过程中产生的缓存信息和中间文件。

3. devel（开发空间）：储存编译生成的可执行文件。

4. 功能包：功能包是 ROS 的基本单元，包含 ROS 节点、库、配置文件等。功能包一般存放在工作空间的 src 文件夹中。一个工作空间可以包含多个功能包，功能包的命名不能重复。

5. 功能包清单：一个名为“package.xml”的功能包清单文件，用“xml”的标签语言格式记录了功能包的基本信息，如编译标志、依赖关系等，主要作用是使用户和系统更容易地安装和分发功能包。除此以外，每个功能包都有一个名为“CMakeLists.txt”的功能包配置文件，用于协助功能包使用 cmake（一个跨平台的安装或编译工具）进行编译。

6. 消息类型：消息是 ROS 中一个节点发布 / 订阅到其他节点的通信信息，消息类型是消息的数据结构。可以使用 ROS 提供的标准消息类型，也可以使用 .msg 文件（用于定义 ROS 话题消息）自定义消息类型。

7. 服务类型：服务是 ROS 中一个节点请求 / 响应到其他节点的通信过程，服务类型定义了其通信的数据类型。和消息类型相同，可以使用 ROS 系统提供的标准服务类型，也可以使用 .srv 文件（用于定义 ROS 服务消息，保存在 srv 文件夹下）进行自定义。

8. 代码：储存功能包节点代码的文件夹，包括 C++ 程序、Python 脚本等。

任务小结

谈谈你对 ROS 的架构、相关概念、文件系统等的理解，记录在表 2-1-1 中。

表 2-1-1 任务小结

课后拓展

试总结 ROS 中各种通信机制的原理和适用场景。

任务二 启动 ROS 第一个节点——小海龟仿真

任务目标

1. 通过小海龟仿真例程，初步了解 ROS 基础知识
2. 了解 ROS 中的节点控制原理
3. 能启动小海龟仿真节点并用键盘控制小海龟的运动

课前预习

预习本任务的基础知识，回答以下问题：

1. ROS 的基础教学功能包 turtlesim 可以通过控制____________来控制小海龟的运动。
2. 小海龟节点通过获取____________________中的速度消息进行移动。

基础知识

一、小海龟仿真

ROS 提供了一个自带的基础教学功能包，名为 turtlesim（小海龟仿真），可以通过该功能包的实例完成 ROS 相关基础知识的学习，包括节点、话题、服务、参数设置等。各版本 ROS 中 turtlesim 的图标见表 2–2–1。

表 2–2–1　各版本 ROS 的 turtlesim 图标

ROS 版本	图标	发行时间
ROS Box Turtle		2010 年 3 月 2 日
ROS C Turtle		2010 年 8 月 2 日

续表

ROS 版本	图标	发行时间
ROS Diamondback		2011 年 3 月 2 日
ROS Electric Emys		2011 年 8 月 30 日
ROS Fuerte Turtle		2012 年 4 月 23 日
ROS Groovy Galapagos		2012 月 12 月 31 日
ROS Hydro Medusa		2013 年 9 月 4 日
ROS Indigo Igloo		2014 年 7 月 22 日
ROS Jade Turtle		2015 年 5 月 23 日
ROS Kinetic Kame		2016 年 5 月 23 日
ROS Lunar Loggerhead		2017 年 5 月 23 日
ROS Melodic Morenia		2018 年 5 月 23 日

二、节点控制原理

可以通过键盘来控制小海龟的运动，使用节点控制的计算图如图 2-2-1 所示。

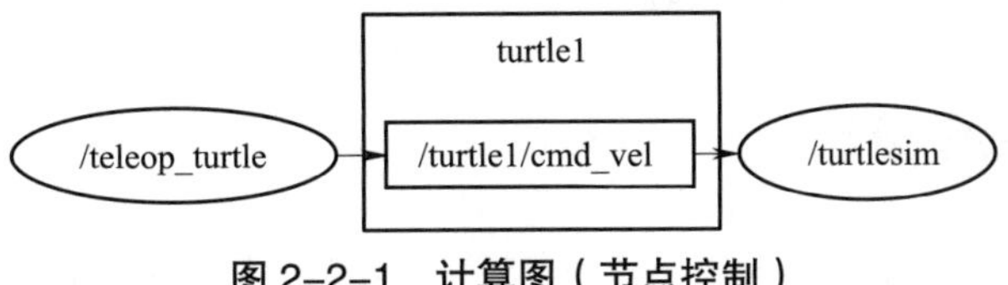

图 2-2-1 计算图（节点控制）

键盘控制节点 /teleop_turtle 通过话题与小海龟节点 /turtlesim 连接。当按下键盘的指定按键时，键盘控制节点向 /turtle1/cmd_vel 话题发布一个速度消息。小海龟节点获取 /turtle1/cmd_vel 中的速度消息进行移动。

任务实施

本任务将学习在 ROS 系统中启动第一个节点——小海龟仿真节点，并使用键盘控制小海龟运动。通过启动小海龟仿真节点，加深对 ROS 以及 ROS 节点的理解。

一、启动小海龟仿真节点

1. 打开终端，输入以下命令，启动 ROS 节点管理器，如图 2-2-2 所示。

```
$ roscore
```

图 2-2-2　启动 ROS 节点管理器

2. 打开另一个新终端，输入以下命令，启动小海龟仿真节点，如图 2-2-3 所示。

```
$ rosrun turtlesim turtlesim_node
```

二、控制小海龟运动

1. 打开第三个新终端，输入以下命令启动 turtlesim 键盘控制节点。

```
$ rosrun turtlesim turtle_teleop_key
```

2. 启动节点后，需要确保第三个打开的终端被激活（单击该终端即可激活，被激活的窗口名称颜色加深，未激活的窗口名称保持为灰色），确保键盘上按下的键都将输入到该终端中。随后，可以通过按下键盘上的“↑”“↓”“←”“→”方向键控制小海龟的运动，如图 2–2–4 所示。

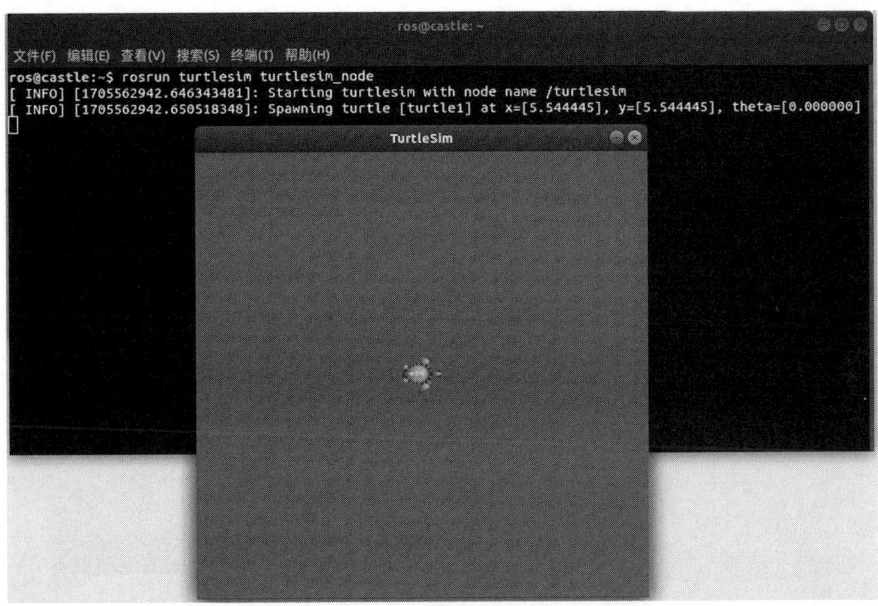

图 2–2–3　启动 turtlesim

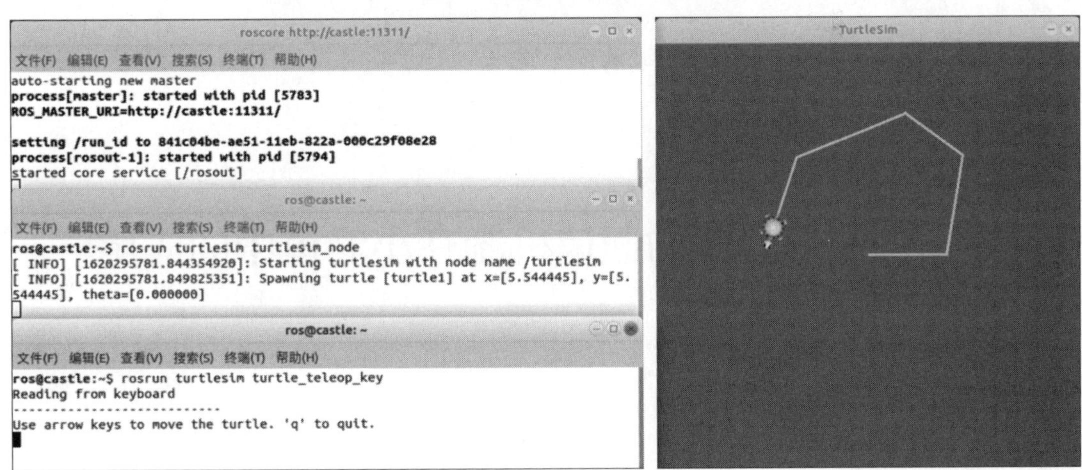

图 2–2–4　通过键盘控制小海龟运动

任务小结

1. 观察键盘控制的小海龟运动，将不同按键控制的小海龟的运动状态记录在表 2–2–2 中。

表 2-2-2　运动状态记录

序号	按键	小海龟运动状态
1	↑	
2	↓	
3	←	
4	→	

2. 思考本任务中学习的各指令的作用，将自己的总结记录到表 2-2-3 中。

表 2-2-3　总结记录表

课后拓展

小海龟仿真节点的哪些参数可以更改？

ROS 的通信机制在小海龟中的应用

任务目标

1. 了解 ROS 的话题通信机制
2. 了解 ROS 的服务通信机制
3. 了解 ROS 的参数管理机制
4. 能使用话题通信机制和服务通信机制控制小海龟的运动并修改其参数

课前预习

预习本任务的基础知识，回答以下问题：

1. ROS 的通信机制分为哪几类？
2. 话题通信机制和服务通信机制有什么异同？

基础知识

ROS 的通信机制

ROS 的通信机制是其核心，它基于分布式通信技术，ROS 的所有功能和工具都构建在这种分布式通信机制的基础上。因此，ROS 的通信机制可以被视为最基础、最核心的技术。ROS 的通信机制主要分为三大类：话题通信机制、服务通信机制和参数管理机制。这些机制使得 ROS 中的节点能够相互交流和共享数据，实现高效的协作和信息传递。

1. 话题通信机制

话题通信机制是 ROS 中使用最为频繁的通信机制，ROS 中的话题以发布 / 订阅的方式传输数据。一个节点可以在特定的主题上发布消息，而另一个节点可以订阅某个特定的主题类型的数据，可以同时有多个节点发布或订阅同一个主题的消息。话题通信机制为异步通信，发布者和订阅者的节点启动顺序没有强制要求。图 2–3–1 所示为话题通信机制的通信模型。

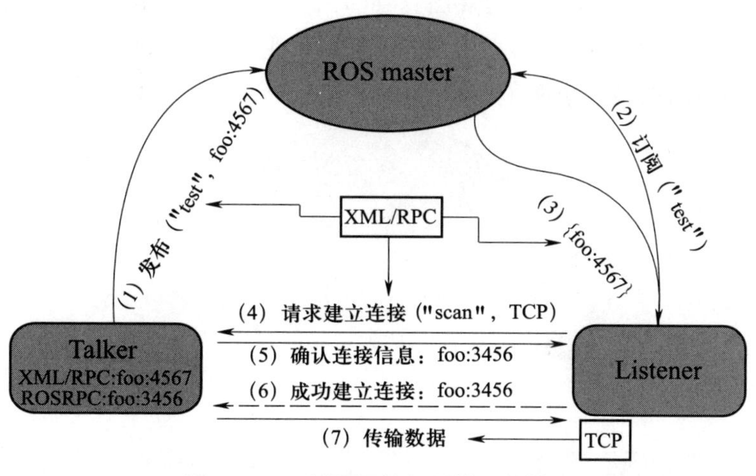

图 2–3–1　话题通信机制的通信模型

本任务将使用 turtlesim 功能包，启动 turtlesim_node 节点创建一个小海龟实例，小海龟节点相关的话题见表 2–3–1。

表 2-3-1 turtlesim_node 相关话题

话题类型	话题名称	话题功能
订阅	/turtle1/cmd_vel	控制小海龟移动
发布	/turtle1/pose	获取小海龟的位置和速度消息
	/turtle1/color_sensor	获取小海龟位置的颜色

可以通过为小海龟订阅的话题发布消息的方式来控制小海龟的运动，对应的节点计算图如图 2-3-2 所示。在终端中使用 rostopic 命令来发布话题消息到“/turtle1/cmd_vel”话题，从而实现对小海龟节点的移动控制。实际上，当使用 rostopic 命令发布话题时，ROS 会自动创建一个节点来发送消息。这种方式使用方便且灵活，通常在程序调试阶段使用。通过使用 rostopic 命令，可以直接与 ROS 系统进行交互，从而控制和监控节点的行为。

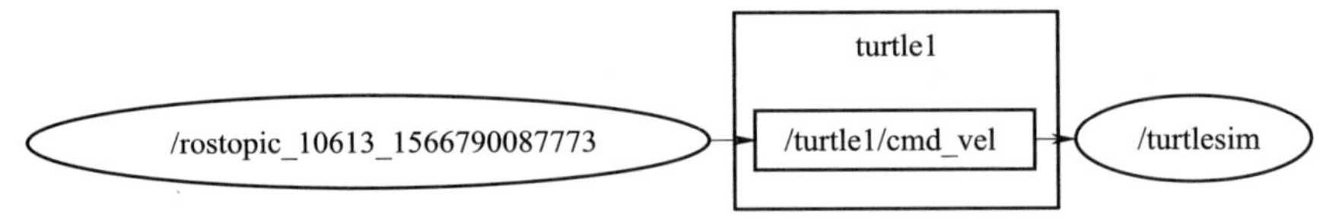

图 2-3-2 节点计算图（直接发布话题消息）

2. 服务通信机制

服务通信机制是基于 C/S（客户端 / 服务器）模式的双向数据传输，是一种同步通信机制，它要求发送方接收到应答后才能继续进行通信。在这种通信模式中，客户端向服务器发送请求，并等待服务器的响应。基于 C/S 模式的双向数据传输意味着客户端和服务器之间可以进行双向的数据交互，客户端发送请求，服务器进行处理并返回相应的应答，这种通信模式常用于需要实时响应和数据交互的场景。相比之下，话题通信是一种发布 / 订阅模式，不涉及同步应答机制。此外，服务通信机制是一对一的通信，服务器在接收到某个节点的请求消息后，会将响应返回到发出请求的节点中。图 2-3-3 即为服务通信机制的通信模型，小海龟节点相关的服务（部分）见表 2-3-2。

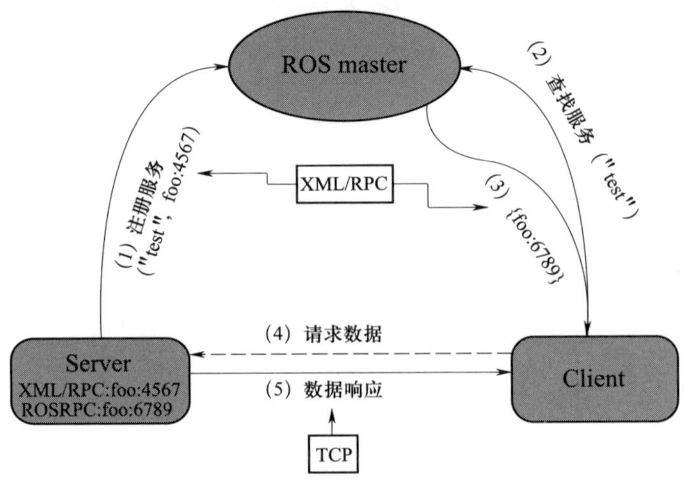

图 2-3-3 服务通信机制的通信模型

表 2-3-2　turtlesim_node 相关服务（部分）

服务名称	服务功能
/clear	清除轨迹
/kill	终止正在运行的小海龟节点
/reset	重置位置
/spawn	生成新的小海龟
/turtle1/set_pen	设置画笔颜色及尺寸
/turtle1/teleport_absolute	移动到指定坐标（绝对坐标）
/turtle1/teleport_relative	移动到指定坐标（相对坐标）

3. 参数管理机制

ROS 提供了参数管理机制用于节点的配置和参数的调整。参数管理机制允许节点之间共享和修改参数值，这使得节点的行为和配置更加灵活。

在 ROS 中，参数值可以被存储在参数服务器上。参数服务器是一个全局的参数存储系统，允许节点读取和写入参数值。参数服务器可以在 ROS 网络中的任何节点上运行，节点可以连接到参数服务器以获取或设置参数值，也可以通过 ROS 客户端库（如 rospy 或 roscpp）与参数服务器进行交互。节点可以通过参数服务器获取参数值以配置自身的行为，还可以将参数值修改后再写回参数服务器。这样，节点就可以根据实时需求对参数进行动态调整，而无须重新编译或重启节点。

参数管理机制的优势在于它可以提供一个集中的区域来管理和共享节点的配置参数，多个节点可以共享相同的参数值，从而实现节点之间的一致性和协作。参数管理机制还使得节点的配置更加灵活，可以根据不同的运行环境或需求进行动态调整，提高了系统的可定制性和适应性。图 2-3-4 所示为参数管理机制的通信模型，参数类似于 ROS 中的全局变量，由 ROS master 进行管理，其通信机制较为简单，不涉及 TCP/UDP 的通信。

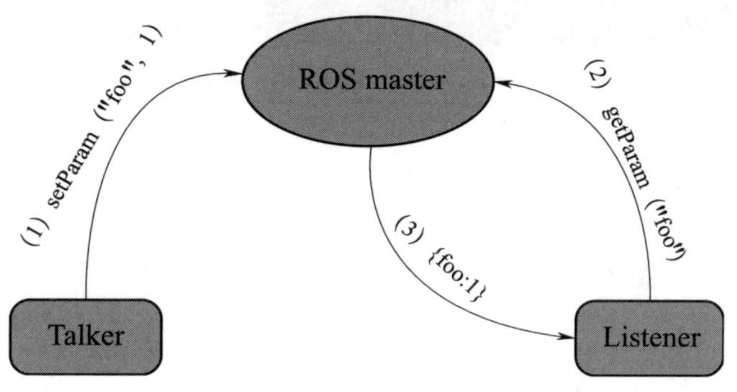

图 2-3-4　参数管理机制的通信模型

任务实施

本任务将使用话题通信机制和服务通信机制来控制小海龟的运动并修改其参数。

一、通过话题通信机制控制小海龟运动

1. 打开新终端 1，输入以下命令，启动 ROS 节点管理器。

```
$ roscore
```

2. 打开新终端 2，输入以下命令，启动小海龟节点。

```
$ rosrun turtlesim turtlesim_node
```

3. 打开新终端 3，输入以下命令，通过发送话题消息控制小海龟以 2 m/s 的线速度和 1.8 rad/s 的角速度进行圆周运动。

```
$ rostopic pub -r 1 /turtle1/cmd_vel geometry_msgs/Twist -- '[2,0,0]' '[0,0,1.8]'
```

提示：终端中具有自动补全功能。输入“rostopic pub -r 1 /turtle1/c”后，按键盘上的“Tab”键，系统会自动补全命令的内容。具体效果如图 2–3–5 所示。利用终端的自动补全功能，可以减少输入错误并更快速地完成命令的输入。

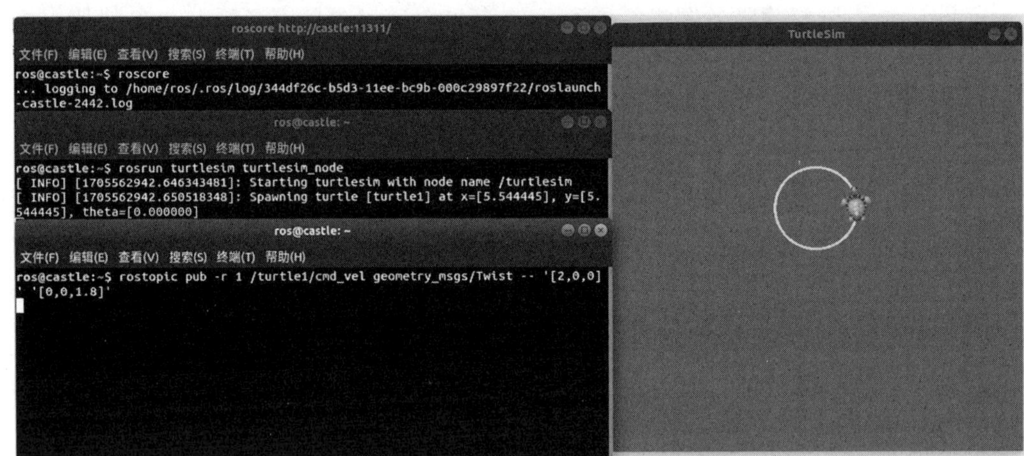

图 2–3–5　发布话题移动小海龟

二、通过服务通信机制控制小海龟运动

1. 打开新终端 1，输入以下命令，启动 ROS 节点管理器。

```
$ roscore
```

2. 打开新终端 2，输入以下命令，启动小海龟节点。

```
$ rosrun turtlesim turtlesim_node
```

3. 向服务 /turtle1/set_pen 发送请求，修改小海龟运动的轨迹。打开新终端 3，输入以下命令将小海龟轨迹修改为绿色，宽度修改为 10。

```
$ rosservice call /turtle1/set_pen "{r: 0, g: 222, b: 0, width: 10, 'off': 0}"
```

4. 向服务 /turtle1/teleport_relative 发送请求，使小海龟移动到指定的位置。输入以下命令可以让小海龟向前移动 5 m。

```
$ rosservice call /turtle1/teleport_relative "linear:5.0 angular:0.0"
```

可以发现，由于修改了轨迹的属性，小海龟移动轨迹的颜色和宽度发生了变化，其效果如图 2-3-6 所示。

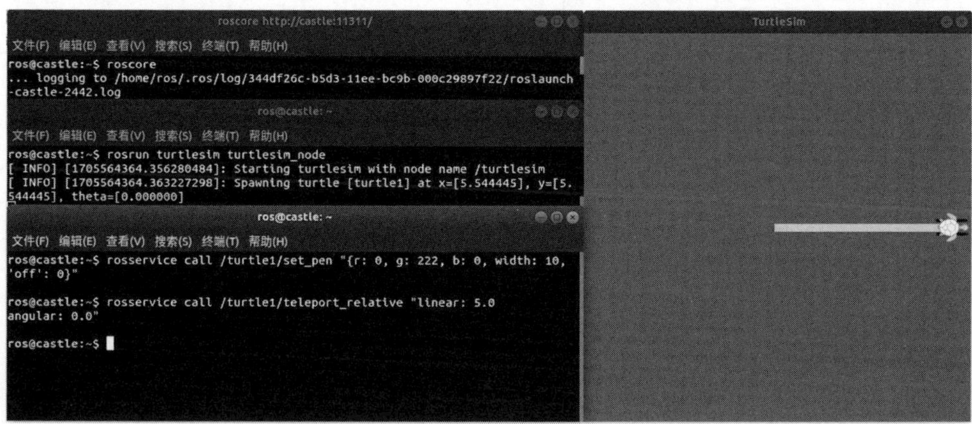

图 2-3-6　修改轨迹属性后的运行效果

任务小结

1. 使用 rostopic list 命令查询所有小海龟相关的话题，并将话题和相应的功能记录在表 2-3-3 中。

表 2-3-3　小海龟相关话题及其功能

序号	话题	功能

2. 使用 rosservice list 命令查询所有小海龟相关的服务，并将服务和相应的功能记录在表 2-3-4 中。

表 2-3-4　小海龟相关服务及其功能

序号	服务	功能

课后拓展

尝试使用基础知识中的其他命令，并记录命令的结果。

项目三
命令行工具的使用

本项目将学习 ROS 常用的命令行工具的作用及其使用方法。通过本项目的学习，应当能够通过 ROS 常用命令行工具完成机器人传感器数据的读取、显示、回放等，培养机器人调试能力。

学习目标

- ✧ 熟悉 ROS 常用的命令行工具
- ✧ 掌握 ROS 常用命令行工具的使用方法

项目任务

- ✧ 任务一　初识命令行工具
- ✧ 任务二　使用 rosnode 命令管理节点
- ✧ 任务三　使用 rostopic 命令管理话题消息
- ✧ 任务四　使用 rosservice 命令管理服务消息
- ✧ 任务五　使用 rosbag 命令记录运行数据
- ✧ 任务六　使用 rosparam 命令修改参数
- ✧ 任务七　使用 rosmsg 命令查看消息

任务一 初识命令行工具

任务目标

1. 了解 ROS 常用的命令行工具
2. 掌握使用 ROS 的命令行工具实现相关功能的方法

课前预习

预习本任务的基础知识，回答以下问题：

1. 在 ROS shell 命令中，roscd 命令的作用是什么？
2. rosrun 与 roslaunch 命令的区别是什么？
3. ROS catkin 命令的作用是什么？
4. 可以使用 ________ 命令查看功能包的依赖性文件。

基础知识

一、ROS shell 命令

ROS shell 命令可以快速地定位、查看并编辑功能包中的文件，ROS shell 命令的释义及详细说明见表 3–1–1。

表 3–1–1 ROS shell 命令的释义及详细说明

命令	释义	详细说明
roscd	ros+cd（change directory）	移动到指定的 ROS 功能包目录
rosls	ros+ls（lists file）	显示 ROS 功能包的文件和目录
rosed	ros+ed（editor）	编辑 ROS 功能包的文件
roscp	ros+cp（copied files）	复制 ROS 功能包的文件
rosd	ros+d（directory）	显示 ROS 目录索引

二、ROS 执行命令

ROS 执行命令是最常用的命令类型，用于启动 ROS 节点管理器以及日志的检查或删除等。ROS 执行命令的释义及详细说明见表 3–1–2。

表 3–1–2　ROS 执行命令的释义及详细说明

命令	释义	详细说明
roscore	ros+core	启动 master、rosout（日志记录）和 parameter server（参数服务器）
rosrun	ros+run	运行 ROS 节点
roslaunch	ros+launch	运行多个 ROS 节点及设置运行选项
rosclean	ros+clean	查看或删除 ROS 日志文件

三、ROS 消息命令

ROS 消息命令用于获取 ROS 系统中的数据，包括节点、话题、服务、参数等，而且可以通过 ROS 消息命令对数据进行储存并回放。ROS 消息命令的释义及详细说明见表 3–1–3。

表 3–1–3　ROS 消息命令的释义及详细说明

命令	释义	详细说明
rostopic	ros+topic	查看 ROS 话题消息
rosservice	ros+service	查看 ROS 服务消息
rosnode	ros+node	查看 ROS 节点消息
rosparam	ros+param（parameter）	查看和修改 ROS 参数消息
rosbag	ros+bag	记录和回放 ROS 消息
rosmsg	ros+msg	查看 ROS 消息类型
rossrv	ros+srv	查看 ROS 服务类型

四、ROS catkin 命令

catkin 是开发者为了高效编译和整合项目而开发的工具，ROS catkin 命令可以很方便地生成功能包并快速完成功能包的编译。ROS catkin 命令的详细说明见表 3–1–4。

表 3–1–4　ROS catkin 命令的详细说明

命令	详细说明
catkin_create_pkg + <package_name> + [dependencies]	创建一个新的 ROS 功能包，并指定其依赖关系

续表

命令	详细说明
catkin_make	在 catkin 工作空间中构建 ROS 功能包
catkin_list_pkgs	列出当前 catkin 工作空间中的所有功能包
catkin_package_version + <package_name>	获取指定功能包的版本号
catkin_clean	清除 catkin 构建目录中的编译文件

五、ROS 功能包命令

ROS 功能包命令用于查看与功能包相关的消息和依赖性文件。ROS 功能包命令的释义及详细说明见表 3–1–5。

表 3–1–5　ROS 功能包命令的释义及详细说明

命令	释义	详细说明
rospack	ros+pack（package）	查看 ROS 功能包相关消息
rosdep	ros+dep（dependencies）	查看、安装 ROS 功能包的依赖性文件

任务小结

谈谈你对 ROS 常用命令行工具的理解和认知，记录在表 3–1–6 中。

表 3–1–6　任务小结

课后拓展

1. 查找除本任务介绍之外的其他命令行工具。

2. 重复项目二任务二的任务实施内容，启动小海龟节点后，试使用正确的命令行工具查看节点消息。

任务二　使用 rosnode 命令管理节点

任务目标

1. 熟悉并掌握 rosnode 命令的使用方法
2. 能通过运行 rosnode 命令控制小海龟

课前预习

预习本任务的基础知识，回答以下问题：

1. 查看当前运行节点消息的命令是________________。
2. 结束某个节点的命令是________________。

基础知识

rosnode 命令的使用

rosnode 是用于显示 ROS 节点调试消息的命令行工具，包括发布、订阅、连接等。rosnode 主要命令的作用见表 3-2-1。

表 3-2-1　rosnode 主要命令的作用

命令	作用
rosnode list	列出当前运行的节点消息
rosnode info	查看节点的详细消息
rosnode kill	结束某个节点
rosnode ping	测试连接节点
rosnode machine	列出在特定机器或列表机器上运行的节点消息，用法为在 rosnode machine 命令后加机器的名称
rosnode cleanup	清除不可到达节点的注册消息

任务实施

本任务将启动小海龟仿真器，通过运行 rosnode 命令控制小海龟，加深对 rosnode 命令行工具的理解。

一、启动小海龟仿真器

打开两个新终端，分别输入以下命令启动 ROS 节点管理器、小海龟仿真器，如图 3-2-1 所示。

```
$ roscore
$ rosrun turtlesim turtlesim_node
```

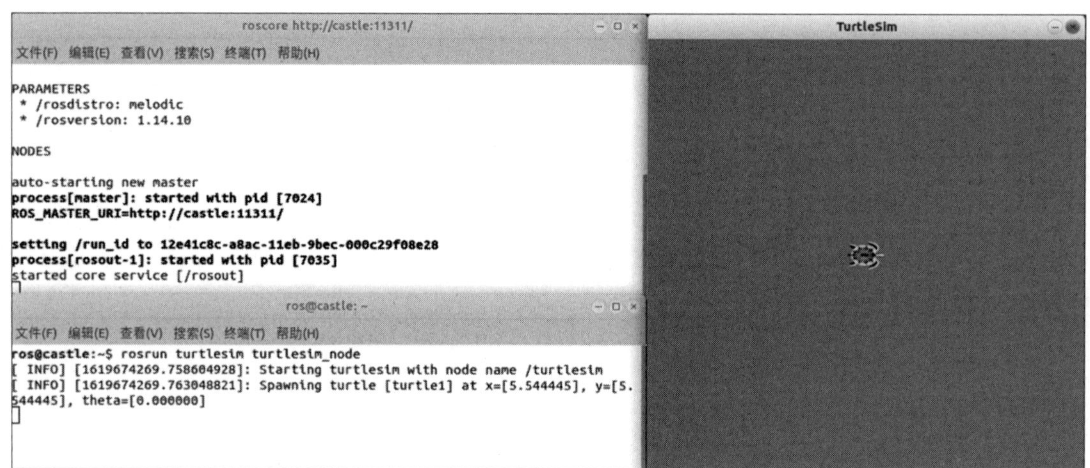

图 3-2-1　打开小海龟仿真器

二、运行 rosnode 命令

1. rosnode list——列出当前运行的节点消息。打开新终端，输入以下命令，列出当前正在运行的节点消息，如图 3-2-2 所示。

```
$ rosnode list
```

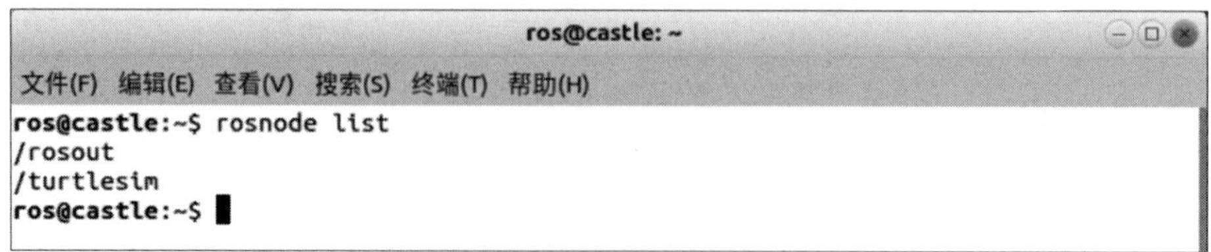

图 3-2-2　列出当前运行的节点消息

2. rosnode info——显示节点的详细消息，具体用法为在 rosnode info 命令后加上节点的名称。以小海龟为例，打开新终端，输入以下命令，显示 /turtlesim 节点的详细消息，如图 3–2–3 所示。

```
$ rosnode info /turtlesim
```

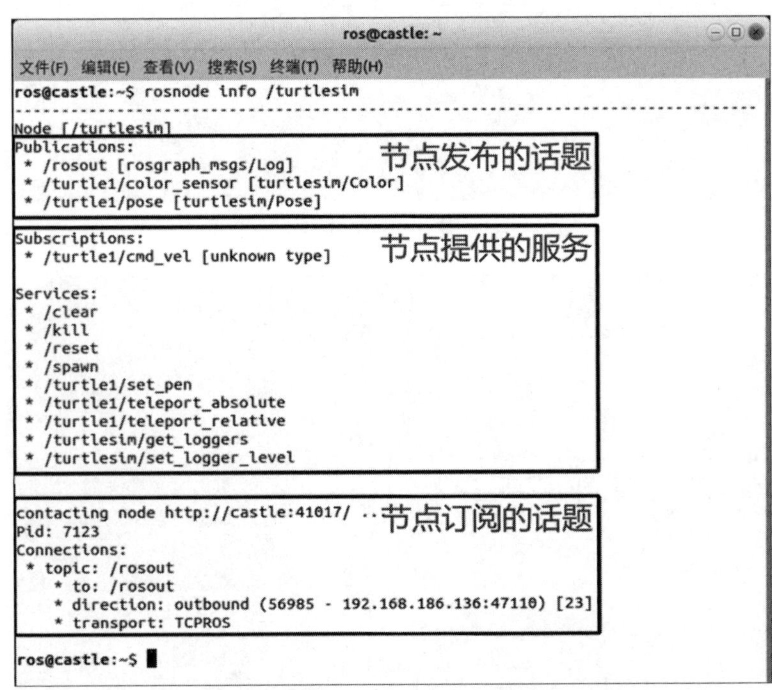

图 3–2–3　显示 /turtlesim 节点的详细消息

3. rosnode kill——结束某个节点，具体用法为在 rosnode kill 命令后加上节点的名称。以小海龟为例，打开新终端，输入以下命令，结束 /turtlesim 节点，如图 3–2–4 和图 3–2–5 所示。

```
$ rosnode kill /turtlesim
```

4. rosnode ping——测试连接节点的网络连通性，具体用法为在 rosnode ping 命令后加上节点的名称。以小海龟为例，打开新终端，先再次启动小海龟仿真器，再输入以下命令，测试 /turtlesim 节点，如图 3–2–6 所示。

```
$ rosnode ping /turtlesim
```

5. rosnode cleanup——清除无法访问的节点的注册消息。若按下键盘上的“Ctrl+C”组合键关闭 /turtlesim 节点程序，节点可以看作因为意外事件而异常终止，ROS 节点管理器中的 /turtlesim 节点并未被注销。此时可以使用 rosnode cleanup 命令清除 ROS 节点管理器中已经连接中断的节点信息，这样就不需要重新运行 roscore。

图 3-2-4　使用 rosnode kill 命令前

```
ros@castle:~$ roscore
... logging to /home/ros/.ros/log/e26df3d6-bc1f-11ee-a41d-000c29a65448/roslaunch
-castle-2270.log

ros@castle:~$ rosrun turtlesim turtlesim_node
[ INFO] [1706255589.407780529]: Starting turtlesim with node name /turtlesim
[ INFO] [1706255589.411171170]: Spawning turtle [turtle1] at x=[5.544445], y=[5.
544445], theta=[0.000000]
[ WARN] [1706255756.763151214]: Shutdown request received.
[ WARN] [1706255756.763257539]: Reason given for shutdown: [user request]
ros@castle:~$

ros@castle:~$ rosnode kill /turtlesim
killing /turtlesim
killed
ros@castle:~$
```

节点被关闭，小海龟消失

图 3-2-5　使用 rosnode kill 命令后

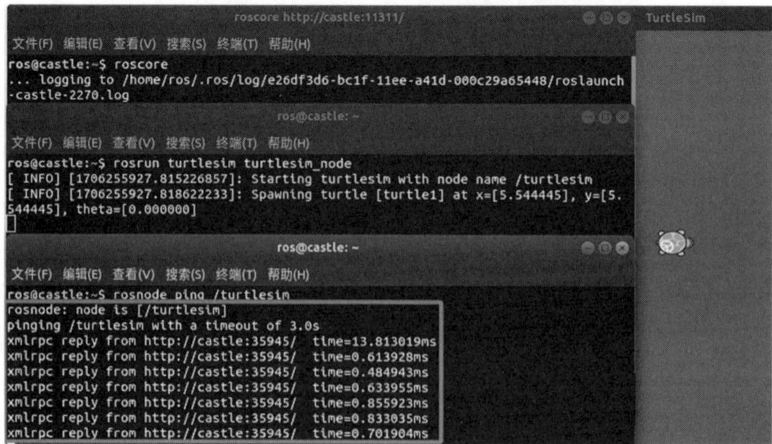

图 3-2-6　小海龟节点测试结果

打开新终端，输入以下命令，清除节点管理器中无法连接的 /turtlesim 节点，如图 3-2-7 所示（此时，输入“y”将继续清除，输入“n”将退出此次命令）。

```
$ rosnode cleanup
```

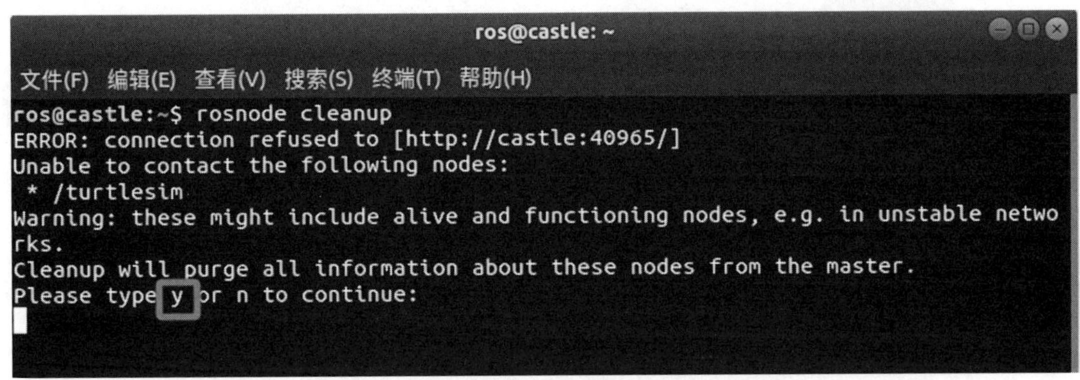

图 3-2-7　清除无法访问的小海龟节点

任务小结

将使用 rosnode 命令的结果记录在表 3-2-2 中。

表 3-2-2　rosnode 命令使用结果

序号	命令	结果
1	rosnode cleanup	清除无法访问的节点的注册信息

课后拓展

查找 rosnode list 命令、rosnode kill 命令以及 rosnode ping 命令的其他用法并进行测试。

任务三 使用 rostopic 命令管理话题消息

任务目标

1. 熟悉并掌握 rostopic 命令的使用方法
2. 能通过运行 rostopic 命令控制小海龟

课前预习

预习本任务的基础知识，回答以下问题：

1. rostopic hz 命令的作用是________________。
2. 若想发布数据到某个话题上，则应使用的命令是________________。
3. 若要查看 /odom 话题发布的内容，则应使用的命令是（　　）。

A. rostopic echo /odom　　B. rostopic content /odom

C. rostopic info /odom　　D. rostopic print /odom

基础知识

rostopic 命令的使用

rostopic 主要命令的作用见表 3-3-1。

表 3-3-1　rostopic 主要命令的作用

命令	作用
rostopic list	查看所有当前订阅和发布的话题
rostopic echo	查看某个话题的内容
rostopic bw	查看某个话题的使用带宽
rostopic hz	查看某个话题的发布频率

续表

命令	作用
rostopic pub	发布数据到某个话题
rostopic type	查看某个话题的类型
rostopic info	查看某个话题的属性消息

任务实施

本任务将启动小海龟仿真器，通过运行 rostopic 命令控制小海龟，加深对 rostopic 命令行工具的理解。

一、启动小海龟仿真器

打开两个新终端，分别输入以下命令，启动 ROS 节点管理器、小海龟仿真器。

```
$ roscore
$ rosrun turtlesim turtlesim_node
```

二、运行 rostopic 命令

1. rostopic list——列出所有当前订阅和发布的话题。打开一个新终端，输入以下命令，显示话题列表，如图 3–3–1 所示。

```
$ rostopic list
```

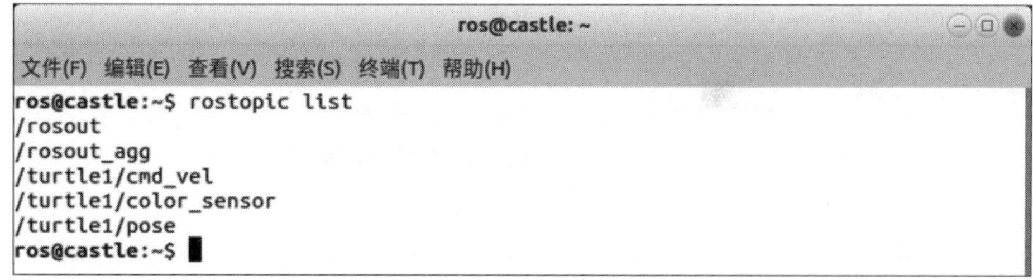

图 3–3–1　显示话题列表

2. rostopic echo——显示某个话题的内容，具体用法为在 rostopic echo 命令后加上话题的名称。以小海龟为例，打开新终端，输入以下命令，显示 /turtle1/pose 话题的内容，该内容为小海龟当前状态的位姿（位置和方向），如图 3–3–2 所示。

```
$ rostopic echo /turtle1/pose
```

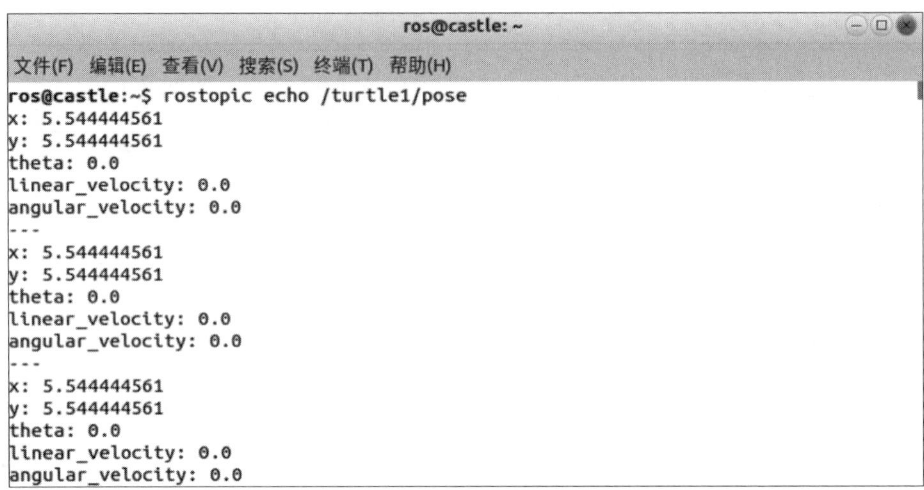

```
ros@castle:~$ rostopic echo /turtle1/pose
x: 5.544444561
y: 5.544444561
theta: 0.0
linear_velocity: 0.0
angular_velocity: 0.0
---
x: 5.544444561
y: 5.544444561
theta: 0.0
linear_velocity: 0.0
angular_velocity: 0.0
---
x: 5.544444561
y: 5.544444561
theta: 0.0
linear_velocity: 0.0
angular_velocity: 0.0
```

图 3–3–2　/turtle1/pose 话题的内容

3. rostopic bw——显示某个话题的使用带宽，具体用法为在 rostopic bw 命令后加上话题的名称。以小海龟为例，打开新终端，输入以下命令，显示 /turtle1/pose 话题的带宽，如图 3–3–3 所示。

```
$ rostopic bw /turtle1/pose
```

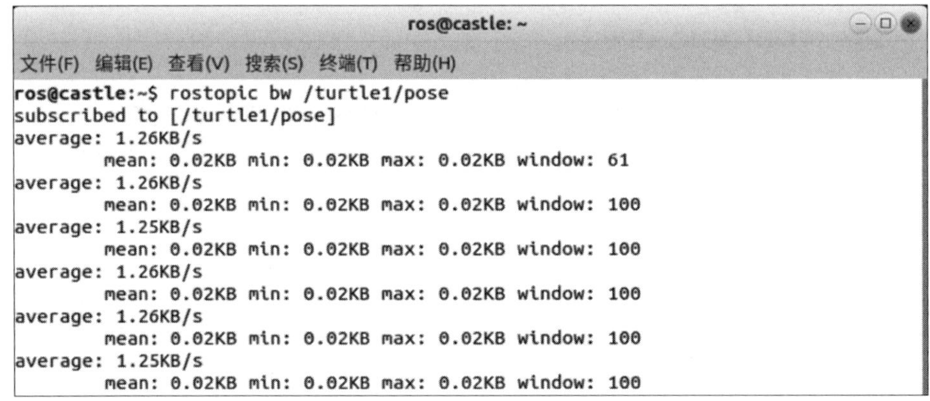

```
ros@castle:~$ rostopic bw /turtle1/pose
subscribed to [/turtle1/pose]
average: 1.26KB/s
        mean: 0.02KB min: 0.02KB max: 0.02KB window: 61
average: 1.26KB/s
        mean: 0.02KB min: 0.02KB max: 0.02KB window: 100
average: 1.25KB/s
        mean: 0.02KB min: 0.02KB max: 0.02KB window: 100
average: 1.26KB/s
        mean: 0.02KB min: 0.02KB max: 0.02KB window: 100
average: 1.26KB/s
        mean: 0.02KB min: 0.02KB max: 0.02KB window: 100
average: 1.25KB/s
        mean: 0.02KB min: 0.02KB max: 0.02KB window: 100
```

图 3–3–3　/turtle1/pose 话题的带宽

4. rostopic hz——显示某个话题的发布频率，具体用法为在 rostopic hz 命令后加上话题的名称。以小海龟为例，打开新终端，输入以下命令，显示 /turtle1/pose 话题的发布频率，如图 3–3–4 所示。默认情况下，显示的速率是 rostopic 运行阶段的平均速率。

```
$ rostopic hz /turtle1/pose
```

5. rostopic pub——发布数据到某个话题，具体用法为在 rostopic pub 命令后加上话题的名称、话题消息类型和具体消息数据。以小海龟为例，打开新终端，输入以下命令，将小海龟的速度消息发布到 /turtle1/cmd_vel 话题上，使其做圆周运动，如图 3–3–5 所示。

```
ros@castle: ~
文件(F) 编辑(E) 查看(V) 搜索(S) 终端(T) 帮助(H)
ros@castle:~$ rostopic hz /turtle1/pose
subscribed to [/turtle1/pose]
average rate: 62.506
        min: 0.014s max: 0.017s std dev: 0.00068s window: 59
average rate: 62.515
        min: 0.014s max: 0.018s std dev: 0.00067s window: 122
average rate: 62.499
        min: 0.014s max: 0.018s std dev: 0.00072s window: 184
average rate: 62.498
        min: 0.013s max: 0.018s std dev: 0.00077s window: 247
average rate: 62.496
        min: 0.013s max: 0.018s std dev: 0.00078s window: 310
average rate: 62.492
        min: 0.013s max: 0.018s std dev: 0.00076s window: 372
average rate: 62.509
        min: 0.013s max: 0.018s std dev: 0.00075s window: 435
```

图 3–3–4　/turtle 1/pose 话题的发布频率

```
$ rostopic pub -r 1 /turtle1/cmd_vel geometry_msgs/Twist "linear:
  x: 5.0
  y: 0.0
  z: 0.0
angular:
  x: 0.0
  y: 0.0
  z: 5.0"
```

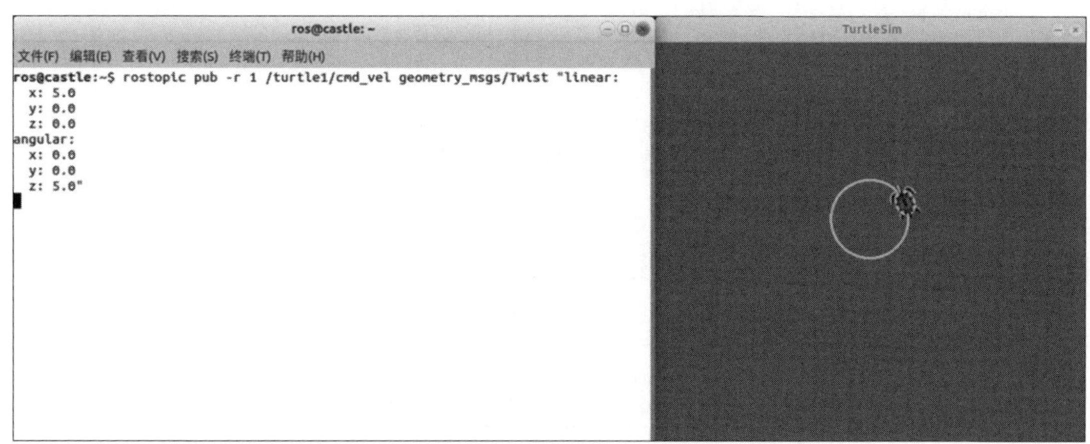

图 3–3–5　发布速度消息到 /turtle1/cmd_vel 话题上

其中，小海龟速度消息话题 /turtle1/cmd_vel 的消息类型是 geometry_msgs/Twist，具体消息数据的格式为 X、Y、Z 三个方向的线速度和角速度。命令中，“rostopic pub”后的“-r 1”为指定话题发布的频率，这里的频率为 1 Hz，即每秒发布一次。

6. rostopic type——显示某个话题的类型，具体用法为在 rostopic type 命令后加上话题的名称。以小海龟为例，打开新终端，输入以下命令，将显示 /turtle1/cmd_vel 话题的类型，如图 3–3–6 所示。

```
$ rostopic type /turtle1/cmd_vel
```

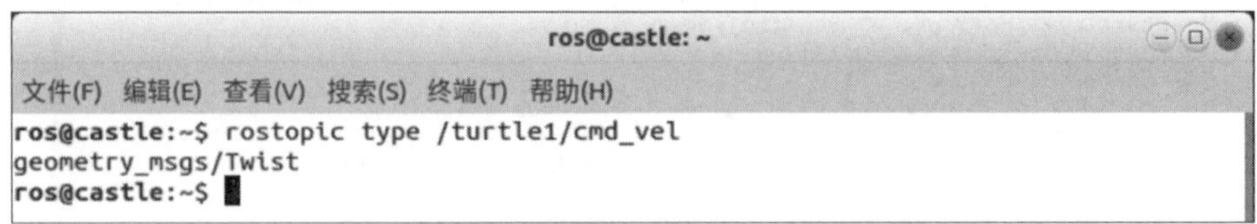

图 3-3-6　显示 /turtle1/cmd_vel 话题的类型

7. rostopic info——显示某个话题的属性消息，具体用法为在 rostopic info 命令后加上话题的名称。以小海龟为例，打开新终端，输入以下命令，将显示 /turtle1/cmd_vel 话题的属性消息，如图 3-3-7 所示。/turtle1/cmd_vel 的话题类型是 geometry_msgs/Twist，发布于第 5 步 rostopic pub 终端的窗口 /rostopic_7903_1619676927604，被小海龟仿真器 /turtlesim 订阅。

```
$ rostopic info /turtle1/cmd_vel
```

图 3-3-7　显示 /turtle1/cmd_vel 话题的属性消息

任务小结

将使用 rostopic 命令的结果记录在表 3-3-2 中。

表 3-3-2　rostopic 命令使用结果

序号	命令	结果

续表

序号	命令	结果

课后拓展

1. 查找 rostopic list 命令和 rostopic echo 命令的其他用法并进行测试。
2. 查找 rostopic find 命令和 rostopic delay 命令的使用方法并进行测试。

使用 rosservice 命令管理服务消息

任务目标

1. 熟悉并掌握 rosservice 命令的使用方法
2. 能通过运行 rosservice 命令控制小海龟

课前预习

预习本任务的基础知识，回答以下问题：

1. rosservice info 命令的作用是________________。
2. 若要查看当前所有的服务，则应使用的命令是________________。
3. 若要查看 /GetMap 服务的类型，则应使用的命令是（　　）。

A. rosservice echo /GetMap　　B. rosservice type /GetMap

C. rossrv type /GetMap　　D. rosservice list /GetMap

基础知识

rosservice 命令的使用

rosservice 主要命令的作用见表 3–4–1。

表 3–4–1 rosservice 主要命令的作用

命令	作用
rosservice list	显示所有的服务
rosservice info	显示某个服务的消息
rosservice type	显示某个服务的类型
rosservice call	用输入的参数请求服务
rosservice uri	显示服务的 ROSRPC URI（ROSRPC 是一种远程过程中调用的机制，用于在 ROS 节点之间进行通信，URI 指的是统一资源标识符）

任务实施

本任务将启动小海龟仿真器，通过运行 rosservice 命令控制小海龟，加深对 rosservice 命令行工具的理解。

一、启动小海龟仿真器

打开两个新终端，分别输入以下命令，启动 ROS 节点管理器和小海龟仿真器。

```
$ roscore
$ rosrun turtlesim turtlesim_node
```

二、运行 rosservice 命令

1. rosservice list——显示所有的服务，列出有关活动主题的正在活跃的服务。打开新终端，输入以下命令，显示服务列表，如图 3–4–1 所示。

```
$ rosservice list
```

2. rosservice info——显示某个服务的消息，具体用法为在 rosservice info 命令后加上服务的名称。以小海龟为例，打开新终端，输入以下命令，显示 /turtle1/set_pen 的服务消息，如图 3–4–2 所示。

```
$ rosservice info /turtle1/set_pen
```

```
ros@castle: ~
文件(F) 编辑(E) 查看(V) 搜索(S) 终端(T) 帮助(H)
ros@castle:~$ rosservice list
/clear
/kill
/reset
/rosout/get_loggers
/rosout/set_logger_level
/rostopic_7903_1619676927604/get_loggers
/rostopic_7903_1619676927604/set_logger_level
/spawn
/turtle1/set_pen
/turtle1/teleport_absolute
/turtle1/teleport_relative
/turtlesim/get_loggers
/turtlesim/set_logger_level
ros@castle:~$
```

图 3-4-1　显示所有的服务

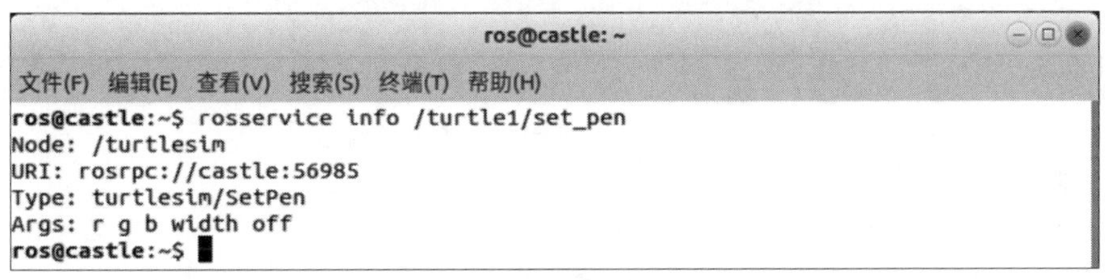

图 3-4-2　显示 /turtle1/set_pen 的服务消息

3. rosservice type——显示某个服务的类型，具体用法为在 rosservice type 命令后加上服务的名称。以小海龟为例，打开新终端，输入以下命令，显示 /turtle1/set_pen 的服务类型，如图 3-4-3 所示。

```
$ rosservice type /turtle1/set_pen
```

图 3-4-3　显示 /turtle1/set_pen 的服务类型

4. rosservice call——用输入的参数请求服务，具体用法为在 rosservice call 命令后加上服务的名称和服务具体参数。以小海龟为例，打开两个新终端，输入以下命令，用键盘控制小海龟的运动并调用 /turtle1/set_pen 服务对小海龟的画笔进行修改，如图 3-4-4 所示。

```
$ rosrun turtlesim turtle_teleop_key
$ rosservice call /turtle1/set_pen "{r: 20，g: 12，b: 255，width: 0，'off': 0}"
```

5. rosservice uri——显示服务的 ROSRPC URI，具体用法为在 rosservice uri 命令后加上服务的名称。以小海龟为例，打开新终端，输入以下命令，显示小海龟 /turtle1/set_pen 的 ROSRPC URI，如图 3-4-5 所示。

```
$ rosservice uri /turtle1/set_pen
```

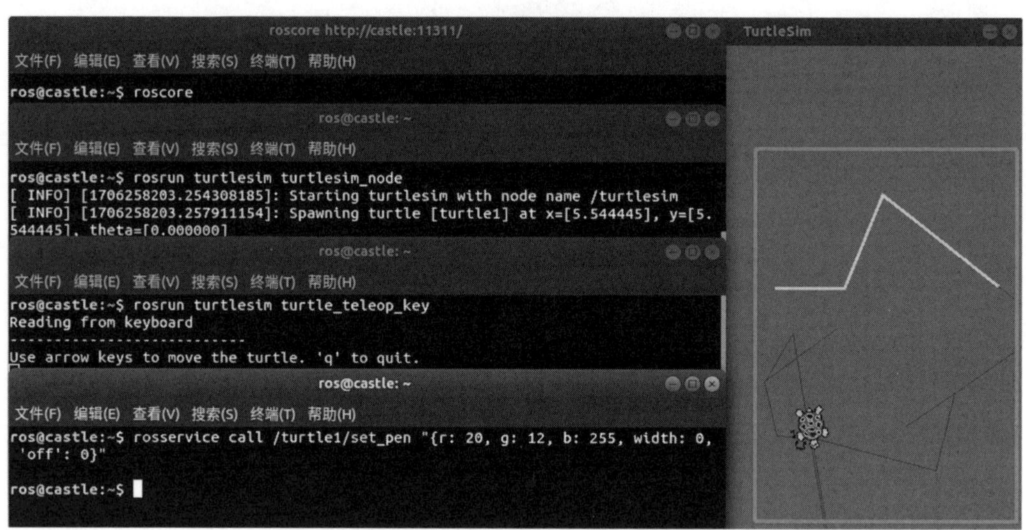

图 3-4-4　对小海龟的画笔进行修改

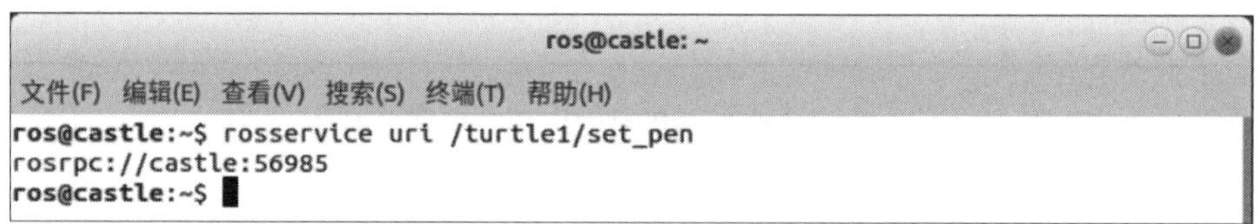

图 3-4-5　显示 /turtle1/set_pen 的 ROSRPC URI

任务小结

将使用 rosservice 命令的结果记录在表 3-4-2 中。

表 3-4-2　rosservice 命令使用结果

序号	命令	结果

课后拓展

1. 查找 rosservice find 命令与 rosservice args 命令的使用方法并进行测试。
2. 查找使用 rosservice call 命令产生一个新的小海龟的方法。
3. 查找使用 rosservice call 命令清除 turtlesim_node 背景中的轨迹的方法。

使用 rosbag 命令记录运行数据

任务目标

1. 熟悉并掌握 rosbag 命令的使用方法
2. 能通过运行 rosbag 命令控制小海龟

课前预习

预习本任务的基础知识，回答以下问题：

1. rosbag compress 命令的作用是________________________。
2. 回放指定 bag 文件的命令是____________。

基础知识

rosbag 命令的使用

rosbag 主要命令的作用见表 3–5–1。

表 3–5–1　rosbag 主要命令的作用

命令	作用
rosbag record	将指定话题的消息记录到 bag 文件
rosbag info	查看指定 bag 文件的消息
rosbag play	回放指定的 bag 文件
rosbag compress	压缩指定的 bag 文件
rosbag decompress	解压指定的 bag 文件

任务实施

本任务将启动小海龟仿真器，通过运行 rosbag 命令记录并回放小海龟运行数据，加深对 rosbag 命令行工具的理解。

一、启动小海龟仿真器

打开三个新终端，分别输入以下命令，启动 ROS 节点管理器、小海龟仿真器和键盘控制节点。

```
$ roscore
$ rosrun turtlesim turtlesim_node
$ rosrun turtlesim turtle_teleop_key
```

二、运行 rosbag 命令

1. rosbag record——将指定话题的消息记录到 bag 文件，具体用法为在 rosbag record 命令后加上话题的名称。以小海龟为例，打开新终端，输入以下命令，记录小海龟的轨迹，如图 3-5-1 所示。

```
$ rosbag record -a
```

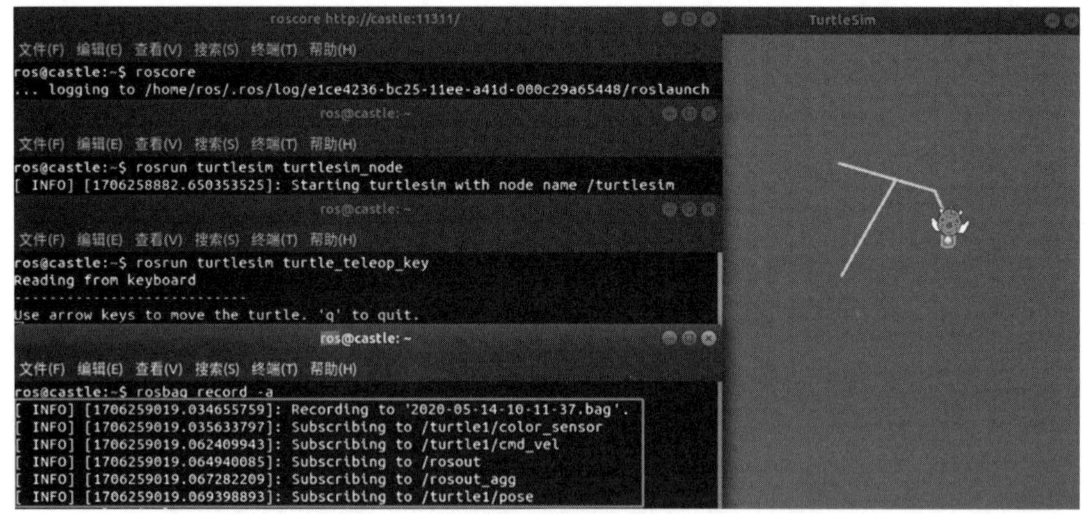

图 3-5-1　将小海龟的轨迹记录为 bag 文件

该命令的一些选项可以用来控制记录的行为和参数，如“-a”可以将所有发布的话题数据记录下来；“-O <output_file>”可以指定记录的输出文件名；“-d <duration>”可以设置记录的持续时间；“-p”可以显示记录的进度信息。用键盘节点控制小海龟移动，若要停止记录则在运行 rosbag record -a 的终端下按组合键“Ctrl+C”退出。此命令记录的 bag 文件自动以时间命名，并存放在“/home”目录下。停止记录后，可以在“/home”目录下找到刚刚记录的文件，如图 3–5–2 所示。

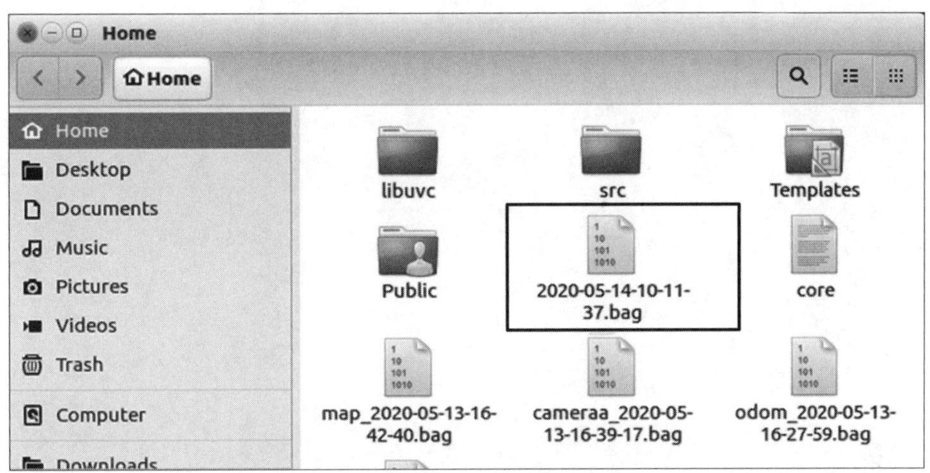

图 3–5–2 记录的 bag 文件

2. rosbag info——查看指定 bag 文件的消息，具体用法为在 rosbag info 命令后加上 bag 文件的名称。以在第 1 步录制的小海龟运动轨迹为例，打开新终端，输入以下命令，显示刚刚记录的 bag 文件（文件名为“2020-05-14-10-11-37.bag”）中的消息，如图 3–5–3 所示。

```
$ rosbag info 2020-05-14-10-11-37.bag
```

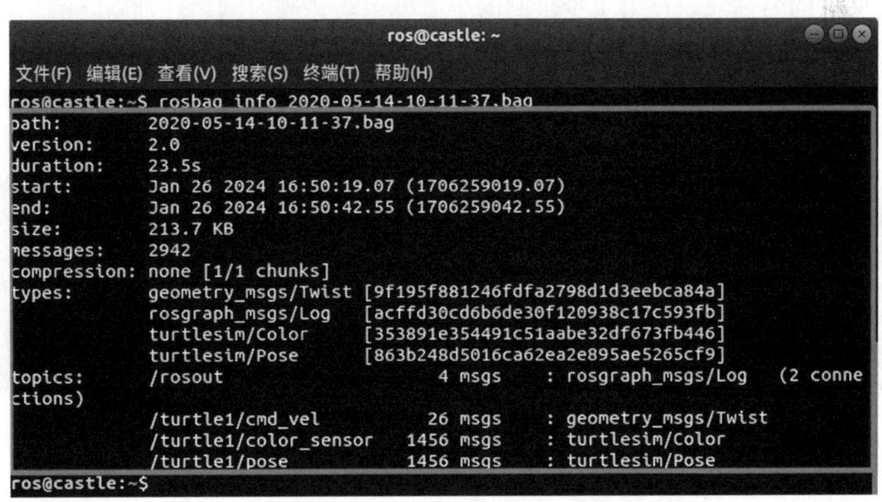

图 3–5–3 查看 bag 文件的消息

3. rosbag play——回放指定的 bag 文件，具体用法为在 rosbag play 命令后加上 bag 文件的名称。以在第 1 步录制的小海龟运动轨迹为例，打开新终端，输入以下命令，回放刚刚记录的 bag 文件路径信息，如图 3–5–4 所示。

```
$ rosbag play 2020-05-14-10-11-37.bag
```

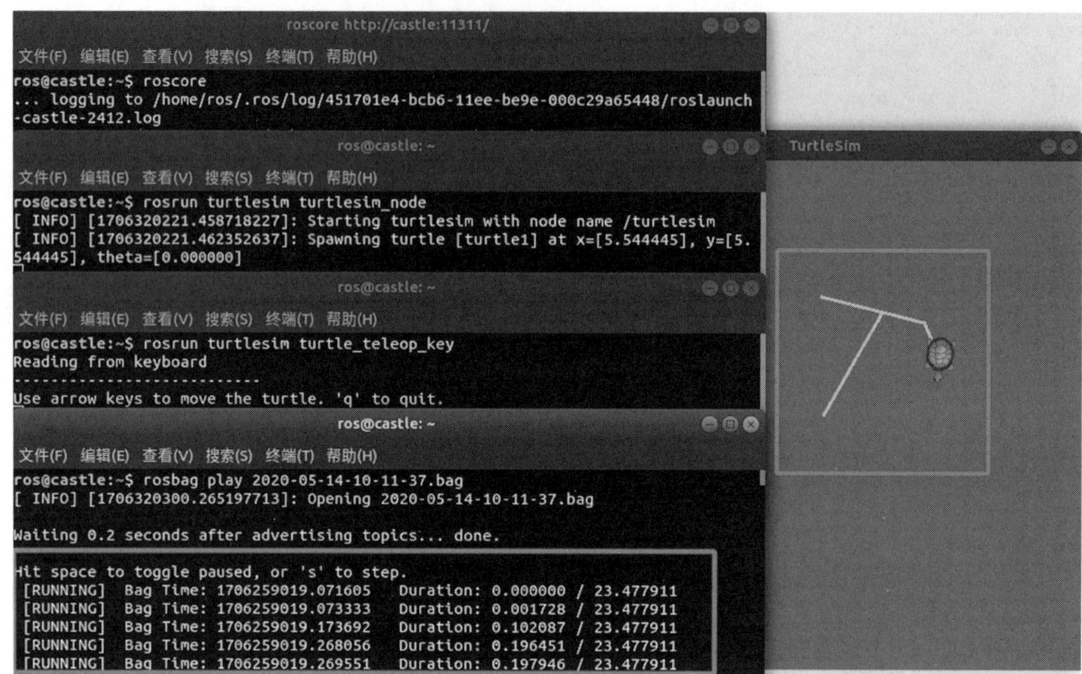

图 3–5–4　回放 bag 文件

4. rosbag compress——压缩指定的 bag 文件，具体用法为在 rosbag compress 命令后加上 bag 文件的名称。以在第 1 步录制的小海龟运动轨迹为例，打开新终端，输入以下命令，压缩 2020-05-14-10-11-37.bag 文件，如图 3–5–5 所示。

```
$ rosbag compress 2020-05-14-10-11-37.bag
```

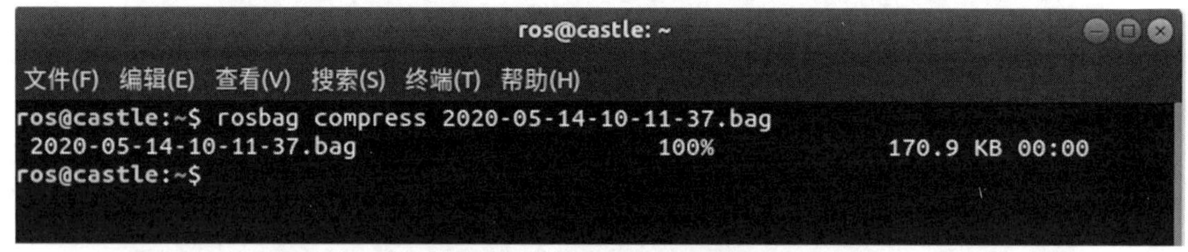

图 3–5–5　压缩 bag 文件

压缩后可以在“/home”目录下找到刚刚压缩的文件，如图 3–5–6 所示。

5. rosbag decompress——解压指定的 bag 文件，具体用法为在 rosbag decompress 命令后加上 bag 文件的名称。以在第 4 步压缩的小海龟路径的 bag 文件为例，打开新终端，输入以下命令，解压 2020-05-14-10-11-37.orig.bag 文件，执行后可以在“/home”目录下找到刚刚解压的文件，如图 3–5–7 所示。

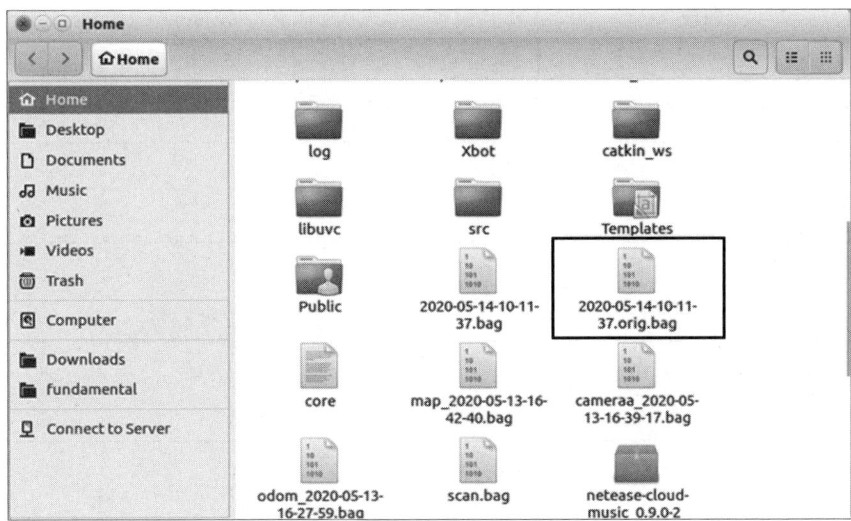

图 3–5–6　压缩的 bag 文件

```
$ rosbag decompress 2020-05-14-10-11-37.orig.bag
```

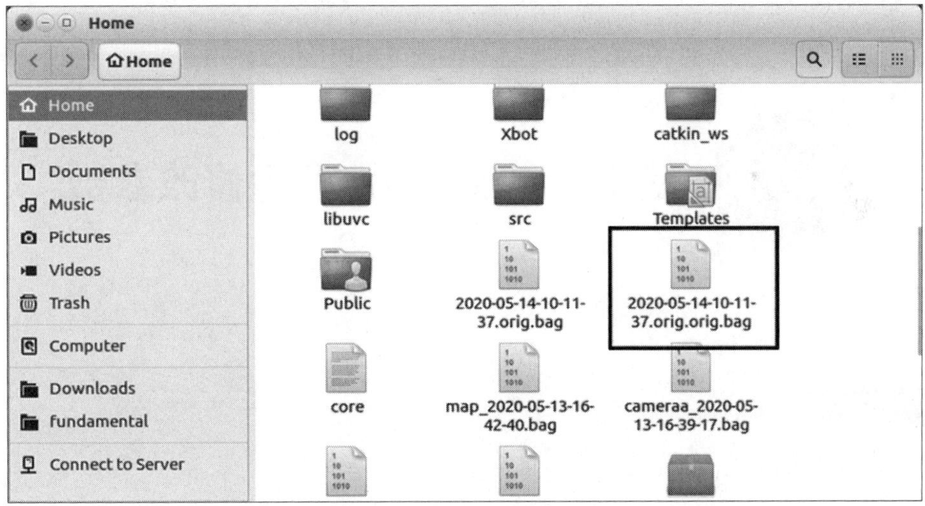

图 3–5–7　解压的 bag 文件

任务小结

将使用 rosbag 命令的结果记录在表 3–5–2 中。

表 3-5-2　rosbag 命令使用结果

序号	命令	结果

课后拓展

查找 rosbag check 命令和 rosbag reindex 命令的使用方法并进行测试。

任务六　使用 rosparam 命令修改参数

任务目标

1. 熟悉并掌握 rosparam 命令的使用方法
2. 能通过运行 rosparam 命令控制小海龟

课前预习

预习本任务的基础知识，回答以下问题：

1. rosparam list 命令的作用是________________。
2. 获取参数 /background_r 的命令是________________________________。

基础知识

一、rosparam 命令的使用

rosparam 主要命令的作用见表 3–6–1。

表 3–6–1　rosparam 主要命令的作用

命令	作用
rosparam list	列出参数名
rosparam set	设置参数
rosparam get	获取参数
rosparam dump	将参数转存到文件
rosparam load	从文件中加载参数
rosparam delete	删除参数

二、RGB 值

RGB 色彩模式是工业领域的颜色标准，它通过调整红（R）、绿（G）、蓝（B）三个颜色通道以及它们的叠加来生成各种颜色。RGB 色彩模式涵盖了人类视觉所能感知的几乎所有颜色，因此被广泛应用于各个领域。

RGB 函数成功执行后会返回一个长整数，用于表示由指定数值确定的颜色。该函数的语法为：RGB（RedAs Integer，GreenAs Integer，BlueAs Integer），具体的参数描述见表 3–6–2。

表 3–6–2　RGB 函数参数描述

参数	描述
Red	必要参数；整型；数值范围为 0 ～ 255，表示颜色的红色成分
Green	必要参数；整型；数值范围为 0 ～ 255，表示颜色的绿色成分
Blue	必要参数；整型；数值范围为 0 ～ 255，表示颜色的蓝色成分

需要注意的是，如果其中一个参数的值超过了 255，不会显示任何错误，但该参数会被视为 255 处理。这是为了确保颜色数值在合理范围内，避免超出可表示的颜色范围。

任务实施

本任务将启动小海龟仿真器，通过运行 rosparam 命令对小海龟相关参数进行操作，加深对 rosparam 命令行工具的理解。

一、启动小海龟仿真器

打开两个新终端，分别输入以下命令，启动 ROS 节点管理器和小海龟仿真器。

```
$ roscore
$ rosrun turtlesim turtlesim_node
```

二、运行 rosparam 命令

1. rosparam list——列出参数名，列出系统服务器上的参数。打开新终端，输入以下命令，查看系统服务器上的参数，如图 3–6–1 所示。

```
$ rosparam list
```

```
ros@castle: ~
文件(F) 编辑(E) 查看(V) 搜索(S) 终端(T) 帮助(H)
ros@castle:~$ rosparam list
/rosdistro
/roslaunch/uris/host_castle__40331
/rosversion
/run_id
/turtlesim/background_b
/turtlesim/background_g
/turtlesim/background_r
ros@castle:~$
```

图 3–6–1　查看系统服务器上的参数

2. rosparam set——设置参数，具体用法为在 rosparam set 命令后加上参数的名称。以小海龟为例，打开新终端，输入以下命令，设置小海龟背景参数（调整 RGB 的数值将背景设置为白色），如图 3–6–2 所示。其中，小海龟背景的默认颜色为蓝色，颜色参数设置完成后要执行 rosservice call/clear 命令，让 clear 服务使参数生效。

```
$ rosparam set /turtlesim/background_r 255
$ rosparam set /turtlesim/background_g 251
$ rosparam set /turtlesim/background_b 250
$ rosservice call /clear
```

3. rosparam get——获取参数，具体用法为在 rosparam get 命令后加上参数的名称。以小海龟为例，打开新终端，输入以下命令，获取整个服务器上的所有参数，如图 3–6–3 所示。

```
$ rosparam get /
```

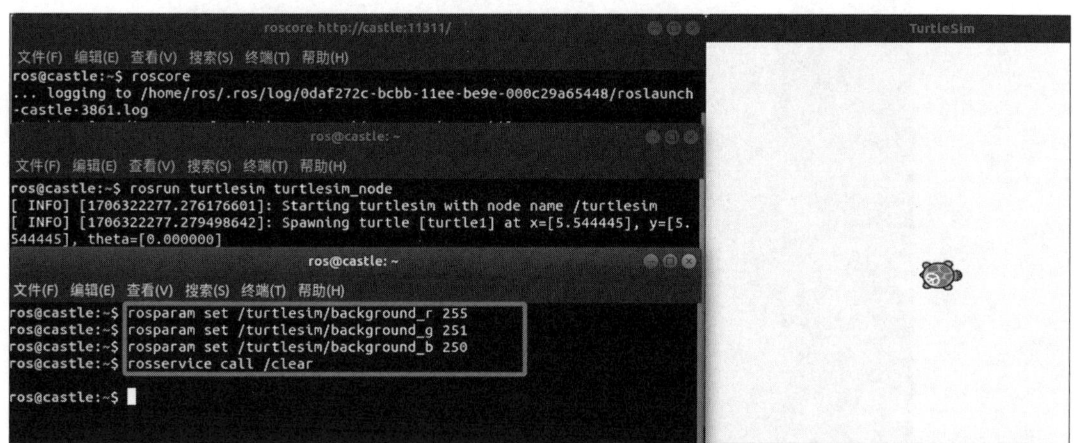

图 3–6–2　改变小海龟背景颜色

图 3–6–3　获取参数

4. rosparam dump——将参数转存到文件，具体用法为在 rosparam dump 命令后加上文件的名称。以小海龟为例，打开新终端，输入以下命令，将当前的参数转存到文件并命名为“aaa.yaml”。导出的文件将保存在“/home”目录下，如图 3–6–4 所示。

```
$ rosparam dump aaa.yaml
```

5. rosparam load——从文件中加载参数，具体用法为在 rosparam load 命令后加上以“.yaml”为后缀的文件的名称。以小海龟为例，打开新终端，输入以下命令，将后缀为“.yaml”的文件导入参数服务器中，如图 3–6–5 所示。可以看到，即使小海龟的终端已经被关闭，但它的白色背景参数仍会被加载好，命令执行后终端不会反馈消息。

```
$ rosparam load aaa.yaml
```

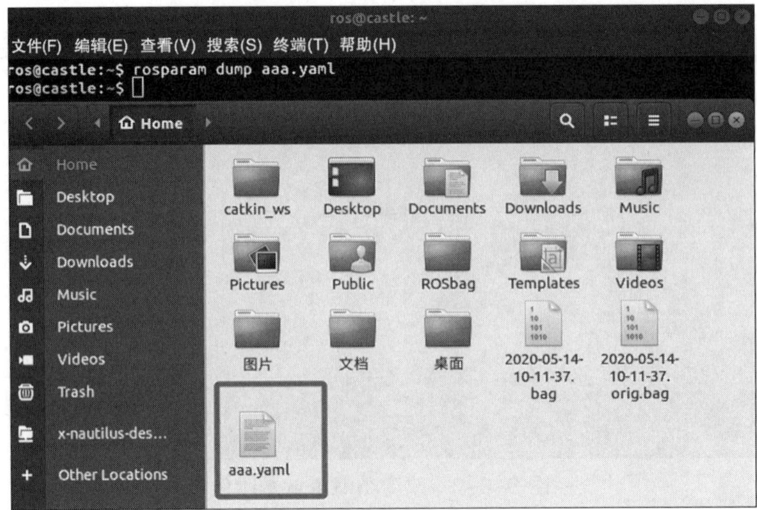

图 3–6–4　导出的文件

```
ros@castle: ~
文件(F) 编辑(E) 查看(V) 搜索(S) 终端(T) 帮助(H)
ros@castle:~$ rosparam load aaa.yaml
ros@castle:~$ rosparam list
/rosdistro
/roslaunch/uris/host_castle__34071
/roslaunch/uris/host_castle__38371
/rosversion
/run_id
/turtlesim/background_b
/turtlesim/background_g
/turtlesim/background_r
ros@castle:~$
```

图 3–6–5　从文件中加载参数

6. rosparam delete——删除参数，具体用法为在 rosparam delete 命令后加上参数的名称。以小海龟为例，打开新终端，输入以下命令，删除刚刚加载的小海龟的背景 /background_b，如图 3–6–6 所示。

```
$ rosparam delete /turtlesim /background_b
```

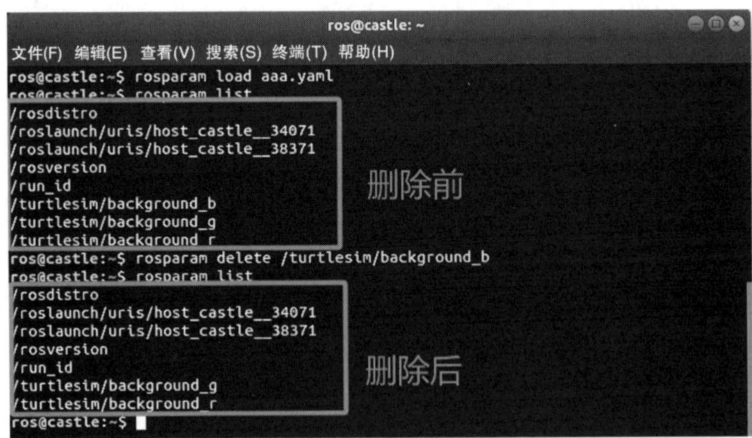

图 3–6–6　删除参数

任务小结

将使用 rosparam 命令的结果记录在表 3-6-3 中。

表 3-6-3　rosparam 命令使用结果

序号	命令	结果

课后拓展

查找表 3-6-4 中各颜色 RGB 值并记录。

表 3-6-4　RGB 值记录

颜色	R 值	G 值	B 值	颜色	R 值	G 值	B 值
红色				蓝色			
橙色				靛色			
黄色				紫色			
绿色				白色			

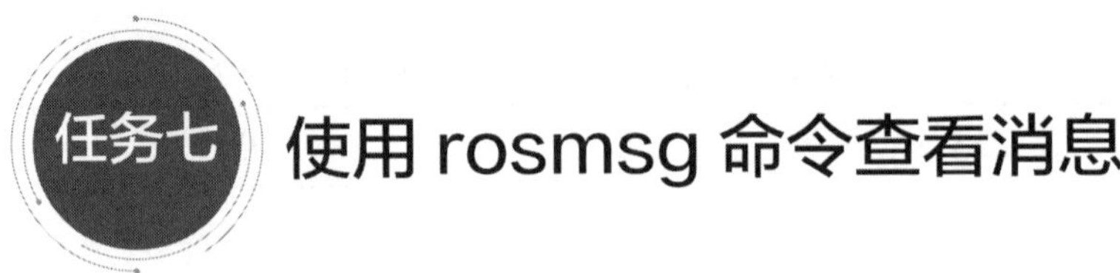

任务七 使用 rosmsg 命令查看消息

任务目标

1. 熟悉并掌握 rosmsg 命令的使用方法
2. 能通过运行 rosmsg 命令控制小海龟

课前预习

预习本任务的基础知识，回答以下问题：

1. rosmsg list 命令的作用是________________________。
2. 若要显示使用消息的所有功能包，则应使用的命令是________________________。

基础知识

rosmsg 命令的使用

rosmsg 主要命令的作用见表 3-7-1。

表 3-7-1　rosmsg 主要命令的作用

命令	作用
rosmsg list	显示所有消息
rosmsg show	显示指定消息
rosmsg package	显示描述指定功能包的所有消息
rosmsg packages	显示使用消息的所有功能包

任务实施

本任务将启动小海龟仿真器，通过运行 rosmsg 命令显示小海龟相关消息，加深对 rosmsg 命令的理解。

一、启动小海龟仿真器

打开两个新终端，分别输入以下命令，启动 ROS 节点管理器和小海龟仿真器。

```
$ roscore
$ rosrun turtlesim turtlesim_node
```

二、运行 rosmsg 命令

1. rosmsg list——显示所有消息，列出系统上所有的消息。打开新终端，输入以下命令，查看所有消息，如图 3-7-1 所示。

```
$ rosmsg list
```

```
ros@castle: ~
文件(F) 编辑(E) 查看(V) 搜索(S) 终端(T) 帮助(H)
ros@castle:~$ rosmsg list
actionlib/TestAction
actionlib/TestActionFeedback
actionlib/TestActionGoal
actionlib/TestActionResult
actionlib/TestFeedback
actionlib/TestGoal
actionlib/TestRequestAction
actionlib/TestRequestActionFeedback
actionlib/TestRequestActionGoal
actionlib/TestRequestActionResult
actionlib/TestRequestFeedback
actionlib/TestRequestGoal
actionlib/TestRequestResult
actionlib/TestResult
actionlib/TwoIntsAction
actionlib/TwoIntsActionFeedback
actionlib/TwoIntsActionGoal
actionlib/TwoIntsActionResult
actionlib/TwoIntsFeedback
actionlib/TwoIntsGoal
actionlib/TwoIntsResult
actionlib_msgs/GoalID
actionlib_msgs/GoalStatus
```

图 3-7-1　显示所有消息（部分截图）

2. rosmsg show——显示指定消息描述，具体用法为在 rosmsg show 命令后加上消息的名称。以小海龟为例，打开新终端，输入以下命令，查看 turtlesim/Color 消息的内容，如图 3-7-2 所示，采用无符号 8 位整型数据分别表示颜色红、绿和蓝。

```
$ rosmsg show turtlesim/Color
```

图 3-7-2　查看 turtlesim/Color 消息内容

3. rosmsg package——显示指定功能包的所有消息，具体用法为在 rosmsg package 命令后加上功能包的名称。以小海龟为例，打开新终端，输入以下命令，显示 turtlesim 功能包的消息，如图 3-7-3 所示。

```
$ rosmsg package turtlesim
```

```
ros@castle: ~
ros@castle:~$ rosmsg package turtlesim
turtlesim/Color
turtlesim/Pose
ros@castle:~$
```

图 3-7-3　显示 turtlesim 功能包的消息

4. rosmsg packages——显示使用消息的所有功能包。打开新终端，输入以下命令，显示使用消息的所有功能包，如图 3-7-4 所示。

```
$ rosmsg packages
```

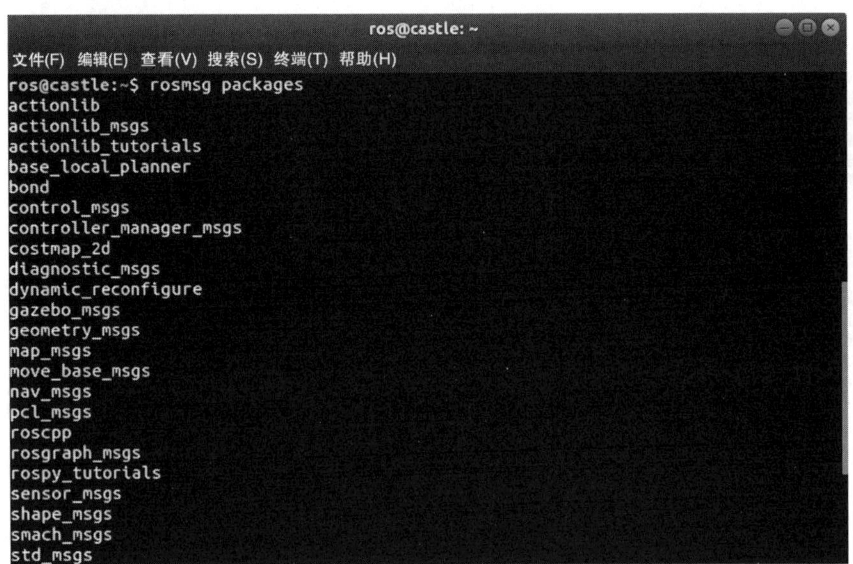

图 3-7-4　显示使用消息的所有功能包

任务小结

将使用 rosmsg 命令的结果记录在表 3-7-2 中。

表 3-7-2　rosmsg 命令使用结果

序号	命令	结果

续表

序号	命令	结果

课后拓展

使用 rosmsg package 命令查看其他功能包的消息。

项目四 ROS 节点的启动

本项目将学习 ROS 节点的启动方法。通过本项目的学习，应当能理解并创建 ROS 的工作空间和功能包，能使用命令行工具来启动 ROS 节点，掌握 launch 文件的编写方法，并能通过 launch 文件调用多个节点来控制两只小海龟同时运动。

学习目标

- ✧ 了解 ROS 中工作空间和功能包的概念
- ✧ 了解 Python 和 C++ 编程语言，能使用 Python 和 C++ 编写节点程序
- ✧ 掌握 launch 文件的编写方法，能通过 launch 文件控制多个节点

项目任务

- ✧ 任务一　启动节点和节点管理器的两种方式
- ✧ 任务二　创建工作空间和功能包
- ✧ 任务三　使用 Python 和 C++ 编写节点程序
- ✧ 任务四　使用 launch 文件实现节点启动和参数设置
- ✧ 任务五　使用 launch 文件实现多节点启动

任务一 启动节点和节点管理器的两种方式

任务目标

1. 掌握 rosrun 命令的使用方法
2. 掌握 roslaunch 命令的使用方法
3. 理解 roslaunch 命令的优点

课前预习

预习本任务的基础知识，回答以下问题：

1. 运行 ROS 节点和节点管理器的两种方法分别是使用__________命令和使用__________命令。
2. 当使用 roslaunch 命令时，系统运行的顺序是怎样的？

基础知识

运行 ROS 节点和节点管理器的方法通常有两种：使用 rosrun 命令和使用 roslaunch 命令。

一、rosrun 命令的使用

若要启动 ROS 节点，首先输入以下命令：

```
$ roscore
```

命令执行后 ROS master 启动，同时启动的还有 rosout 和 parameter server，其中 rosout 是负责日志输出的节点，其作用是告知用户当前系统的状态，包括输出系统的错误、警告等，并将 log 记录于日志文件中；parameter server 是参数服务器，它并不是一个节点，而是存储参数配置的服务器。

启动节点管理器之后，节点管理器就开始按照系统的安排进行具体的节点启动工作。节点就是一个进程，只不过它在 ROS 中被赋予了专用的名字——node。package 中存放着可执行文件，可执行文件是静态的，当系统运行这些可执行文件时，这些文件被加载到内存中，就成为了动态的 node。启动节点的命令是：

```
$ rosrun [package_name] [node_name]
```

在 ROS 中，通常按照以下步骤来启动系统：首先启动节点管理器，然后启动各个节点。当系统中的节点数量增多时，可以选择使用 launch 文件进行批量启动。节点管理器与节点、节点与节点之间的关系见图 4–1–1。

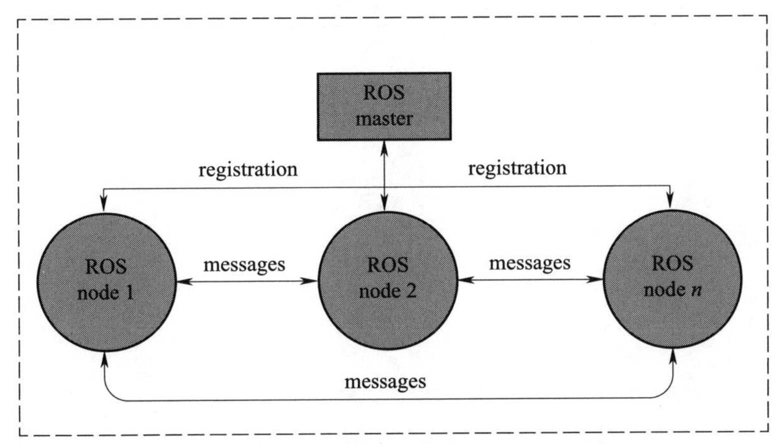

图 4–1–1　节点管理器与节点、节点与节点之间的关系

二、roslaunch 命令的使用

输入以下命令，启动 ROS 节点和节点管理器。

```
$ roslaunch [package_name] [launch_file_name]
```

roslaunch 命令会自动检测 ROS 系统的 roscore 进程是否在运行，以确定节点管理器是否处于运行状态。如果 roscore 未启动，roslaunch 会首先启动 roscore 进程，无须运行 roscore 命令，然后按照 launch 文件中定义的规则执行启动过程。launch 文件包含了预先配置好的启动规则，roslaunch 是一个启动工具，可以一次性按照配置启动多个节点，无须在终端中逐个输入命令。

三、roslaunch 命令的优点

ROS 中的 launch 文件可以简单理解为一个集合了多个节点和参数的文件，launch 文件的功能是一次性启动多个节点。ROS 中通常需要同时运行多个节点，如果每次开机都需要逐个输入命令来启动每个节点将会非常烦琐。因此，可以将要启动的节点和相应

的参数全部写入 launch 文件，然后通过 roslaunch 命令一次性启动多个节点。

相对于使用 rosrun 命令来单独运行程序，roslaunch 命令有两个主要优点：

1. roslaunch 命令可以向程序传递参数，以便在启动时动态地配置节点的行为。
2. roslaunch 命令可以同时运行多个节点，提供了更方便的节点启动方式。

任务小结

谈谈你对启动节点和节点管理器的两种方式的理解，记录在表 4–1–1 中。

表 4–1–1　任务小结

课后拓展

1. 查找 launch 文件的编写格式要求。
2. 自行编写 launch 文件，启动小海龟仿真和键盘控制节点。

创建工作空间和功能包

任务目标

1. 了解工作空间的作用
2. 掌握 ROS 工作空间的创建、编译和环境配置方法
3. 了解 ROS 功能包的典型文件结构
4. 掌握 ROS 功能包的创建方法
5. 能创建一个工作空间并在此基础上创建一个功能包

课前预习

预习本任务的基础知识，回答以下问题：

1. 工作空间中的 ____________ 文件夹用于存放 ROS 功能包。

2. 默认情况下，catkin_make 生成的 ROS 可执行文件存放在（ ）。

A. catkin_ws/src　　B. catkin_ws/

C. catkin_ws/devel　　D. catkin_ws/build

基础知识

一、工作空间的作用

在 ROS 中，创建工作空间有助于组织和管理 ROS 项目的功能包、编译、依赖项等，创建工作空间的作用有以下几点：

1. 模块化组织：工作空间允许用户将 ROS 项目模块化组织。ROS 项目通常包含多个功能包，每个功能包可能包含节点、主题、服务、消息定义等。工作空间是用户创建的一个目录结构，用户可以在工作空间中创建和组织这些功能包。这种模块化结构有助于更好地组织和管理项目。

2. 方便编译和构建：ROS 项目需要进行编译，将源代码转化为可执行文件，同时需要生成构建文件，如 CMakeLists.txt 和 package.xml。工作空间允许用户在其中进行编译，并自动生成构建文件，从而简化项目构建过程。

3. 依赖项管理：工作空间有助于管理项目所依赖的其他功能包。ROS 中的功能包通常会依赖其他功能包，这些依赖项需要正确配置和安装。工作空间提供了一个依赖项管理系统，可以更轻松地跟踪和安装依赖项。

4. 可移植性：工作空间使 ROS 项目更具可移植性。用户可以轻松地将整个工作空间复制到其他计算机上并进行编译和运行，而无须手动复制和配置每个功能包。

5. 环境隔离：用户可以在不同的工作空间中运行不同版本的 ROS 项目或依赖项，这有助于环境隔离和避免冲突。

二、工作空间的创建

在 ROS 中创建工作空间，本质就是将一个新建的文件夹通过工具（catkin_make）编译成 ROS 中可以搜索的文件路径，通过配置环境变量，使这个文件夹可以被用户在终端中使用的过程。创建工作空间需要创建一个文件夹，工作空间的名称可以自行设定，如 catkin_ws、myProject_ws 等，但要注意工作空间中应包含一个 src 文件夹，该文件夹用于存放 ROS 功能包，若不创建该文件夹会导致编译环节出现错误。创建工作空间和 src 文件夹的命令如下：

```
$ mkdir -p <workspace_name>/src
```

三、工作空间的编译

catkin 元构建系统是为了高效构建众多相互依赖但独立开发的 CMake 项目而构建的。catkin_make 是将 cmake 与 make 的编译方式做了封装的指令工具，它简化了程序 cmake 编译的标准工作流程，用法如下：

```
$ cd <workspace_name>        # 终端路径进入工作空间
$ catkin_make                # 使用 catkin_make 创建工作空间
```

以上两行命令等效于以下多行命令，这是使用 cmake 方式编译项目的标准流程示例：

```
$ cd <workspace_name>/src # 终端路径进入工作空间
$ catkin_init_workspace
$ cd ..
$ mkdir build
$ cd build
$ cmake ../src -DCMAKE_INSTALL_PREFIX=../install -DCATKIN_DEVEL_PREFIX=../devel
$ make
$ make install# (该步骤是可选的)
```

编译完成后，工作空间中应该有三个文件夹：devel、build、src。工作空间的编译是必不可少的，它可以看作是普通文件与 ROS 关联的桥梁。

四、工作空间的环境配置

工作空间编译完成后，需要将工作空间的地址告知 ROS，即进行工作空间的环境配置，以便 ROS 能够找到并使用新建的工作空间。配置工作空间环境的命令如下：

```
$ echo "source ~/<workspace_name>/devel/setup.bash" >> ~/.bashrc
$ source ~/.bashrc
```

命令执行后，将工作空间的环境变量执行文件添加到了终端的启动脚本中，每次新建终端时都会自动地将工作空间的环境变量添加到终端。添加完成后可以通过以下命令查看环境变量：

```
$ export | grep ROS
```

五、功能包的典型文件结构

功能包是程序和资源文件的集合，在 ROS 中可以自己创建功能包并编写程序，也可以使用已有的功能包来实现功能。功能包的典型文件结构如图 4–2–1 所示。

图 4–2–1 功能包的典型文件结构

功能包中各文件夹的作用见表 4–2–1。

表 4–2–1 功能包中各文件夹的作用

文件夹	作用
action	存放自定义的动作指令
config	存放功能包中的配置文件
include	存放功能包中需要用到的头文件（保存程序声明的文件）
launch	存放功能包的启动文件
msg	存放自定义的消息类型
scripts	存放 Python 程序文件及其他可执行脚本
src	存放 C++ 代码文件及其他资源文件
srv	存放自定义的服务类型
CMakeLists.txt	编译器编译功能包的规则，执行编译时会调用该文件
package.xml	功能包清单

六、功能包的创建

catkin_create_pkg 命令可以创建一个新功能包，用法如下：

```
$ cd ~/<workspace>/src
$ catkin_create_pkg <package_name> [depend1] [depend2] [depend3]
```

其中，<package_name> 为功能包的名称，[depend1] [depend2] [depend3] 分别为每个依赖的名称。执行该命令后会生成一个功能包，如图 4-2-2 所示。功能包创建完成后，需要重新编译工作空间才能使用。

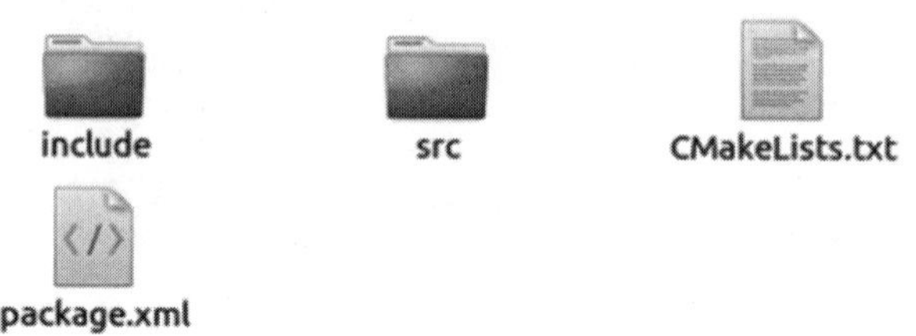

图 4-2-2 生成的功能包

任务实施

本任务将创建一个工作空间，并在此基础上创建一个功能包。

一、创建工作空间

1. 新建一个终端，输入以下命令，新建 catkin_ws 文件夹及其子文件夹 src，如图 4-2-3 所示。

```
$ mkdir -p ~/catkin_ws/src
```

图 4-2-3 创建工作空间文件夹

2. 新建一个终端，在终端中输入以下命令，进入 catkin_ws 文件夹，如图 4-2-4 所示。

```
$ cd ~/catkin_ws
```

图 4-2-4　进入 catkin_ws 文件夹

3. 在上述路径的终端中输入以下命令，编译生成 ROS 工作空间，如图 4-2-5 所示。

```
$ catkin_make
```

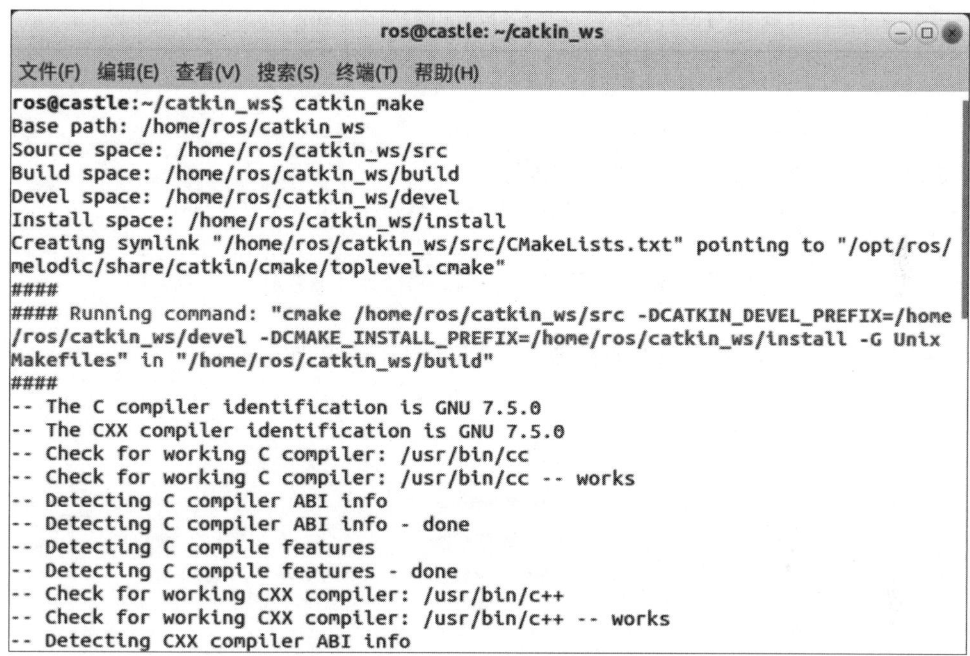

图 4-2-5　编译生成 ROS 工作空间

命令执行后，catkin_ws 文件夹中生成三个子文件夹，如图 4-2-6 所示。

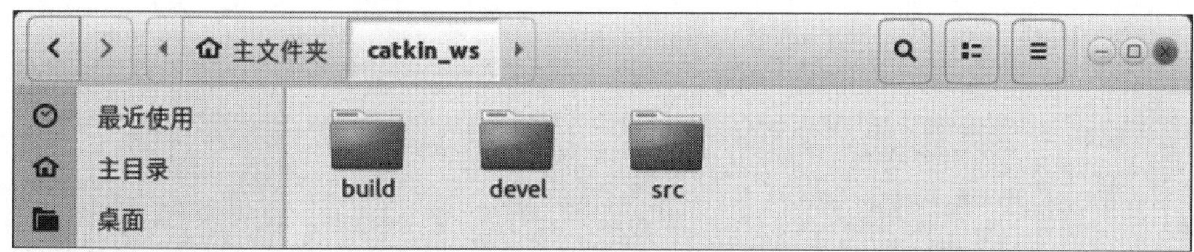

图 4-2-6　catkin_ws 文件夹

catkin_ws 文件夹中比较常用的子文件夹是 devel 和 src，两者的默认功能如图 4-2-7 所示。

4. 新建一个终端，输入以下命令，添加工作空间的路径到环境变量，如图 4-2-8 所示。

```
$ echo "source ~/catkin_ws/devel/setup.bash" >> ~/.bashrc
```

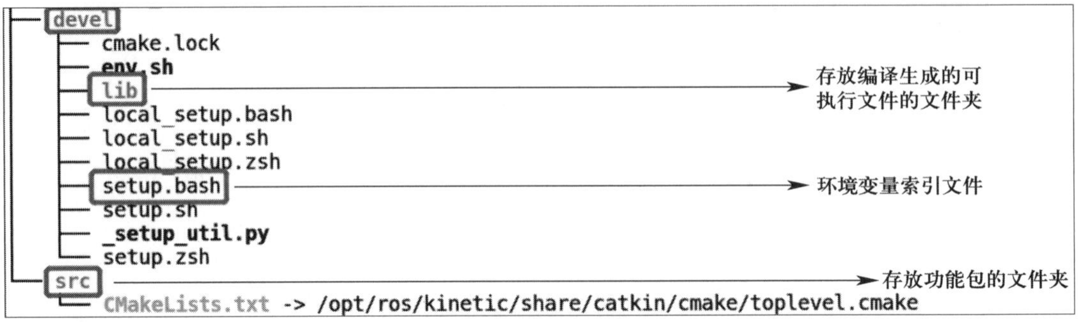

```
├── devel
│   ├── cmake.lock
│   ├── env.sh
│   ├── lib                                        ──→ 存放编译生成的可执行文件的文件夹
│   ├── local_setup.bash
│   ├── local_setup.sh
│   ├── local_setup.zsh
│   ├── setup.bash                                 ──→ 环境变量索引文件
│   ├── setup.sh
│   ├── _setup_util.py
│   └── setup.zsh
└── src                                            ──→ 存放功能包的文件夹
    └── CMakeLists.txt -> /opt/ros/kinetic/share/catkin/cmake/toplevel.cmake
```

图 4–2–7　devel 和 src 文件夹的默认功能

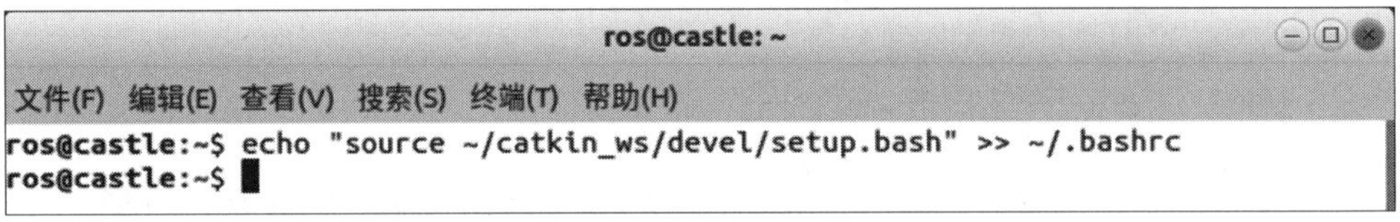

```
ros@castle: ~
文件(F) 编辑(E) 查看(V) 搜索(S) 终端(T) 帮助(H)
ros@castle:~$ echo "source ~/catkin_ws/devel/setup.bash" >> ~/.bashrc
ros@castle:~$
```

图 4–2–8　添加工作空间的路径到环境变量

5. 输入以下命令，使环境变量配置生效，如图 4–2–9 所示。

```
$ source ~/.bashrc
```

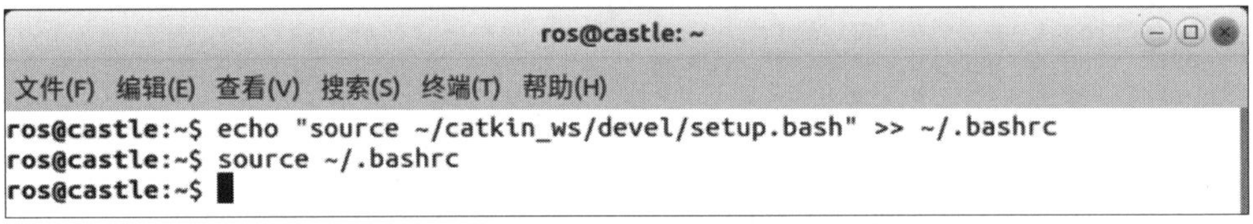

```
ros@castle: ~
文件(F) 编辑(E) 查看(V) 搜索(S) 终端(T) 帮助(H)
ros@castle:~$ echo "source ~/catkin_ws/devel/setup.bash" >> ~/.bashrc
ros@castle:~$ source ~/.bashrc
ros@castle:~$
```

图 4–2–9　使环境变量配置生效

6. 新建一个终端，输入以下命令，查看当前工作空间的路径，如图 4–2–10 所示。

```
$ export | grep ROS
```

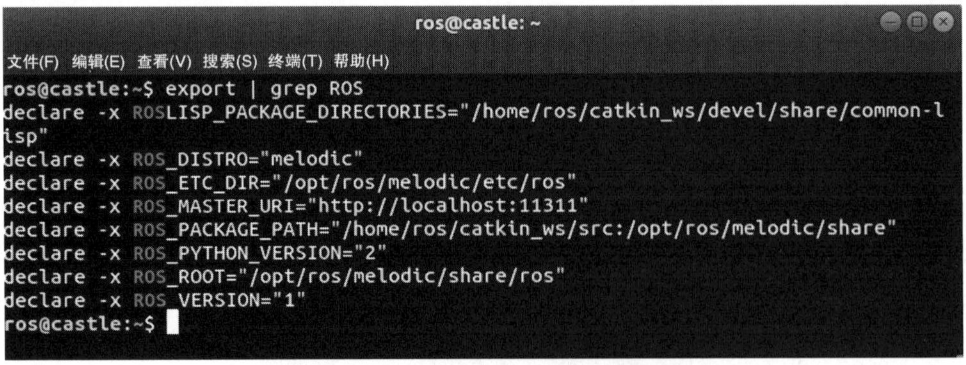

```
ros@castle: ~
文件(F) 编辑(E) 查看(V) 搜索(S) 终端(T) 帮助(H)
ros@castle:~$ export | grep ROS
declare -x ROSLISP_PACKAGE_DIRECTORIES="/home/ros/catkin_ws/devel/share/common-l
isp"
declare -x ROS_DISTRO="melodic"
declare -x ROS_ETC_DIR="/opt/ros/melodic/etc/ros"
declare -x ROS_MASTER_URI="http://localhost:11311"
declare -x ROS_PACKAGE_PATH="/home/ros/catkin_ws/src:/opt/ros/melodic/share"
declare -x ROS_PYTHON_VERSION="2"
declare -x ROS_ROOT="/opt/ros/melodic/share/ros"
declare -x ROS_VERSION="1"
ros@castle:~$
```

图 4–2–10　查看当前工作空间的路径

二、创建功能包

1. 新建一个终端，依次输入以下命令，在工作空间中创建 beginner_tutorials 功能包，如图 4–2–11 所示。在 catkin_create_pkg 命令中，可根据功能包需求添加依赖关系，常用的有 roscpp、rospy、std_msgs 等，三者分别为功能包提供了 C++ 接口、Python 接口和消息类型（如整型、浮点型等）。下面的命令中添加了 rospy 依赖，使新建的 beginner_tutorials 功能包具备了使用 Python 编写 ROS 节点的能力。

```
$ cd ~/catkin_ws/src/
$ catkin_create_pkg beginner_tutorials roscpp rospy std_msgs
```

```
ros@castle: ~/catkin_ws/src
文件(F) 编辑(E) 查看(V) 搜索(S) 终端(T) 帮助(H)
ros@castle:~/catkin_ws/src$ catkin_create_pkg beginner_tutorials roscpp rospy std_msgs
Created file beginner_tutorials/package.xml
Created file beginner_tutorials/CMakeLists.txt
Created folder beginner_tutorials/include/beginner_tutorials
Created folder beginner_tutorials/src
Successfully created files in /home/ros/catkin_ws/src/beginner_tutorials. Please adjust
the values in package.xml.
ros@castle:~/catkin_ws/src$
```

图 4–2–11　创建 beginner_tutorials 功能包

2. 新建一个终端，在终端中依次输入以下命令，编译工作空间，如图 4–2–12 所示。

```
$ cd ~/catkin_ws
$ catkin_make
```

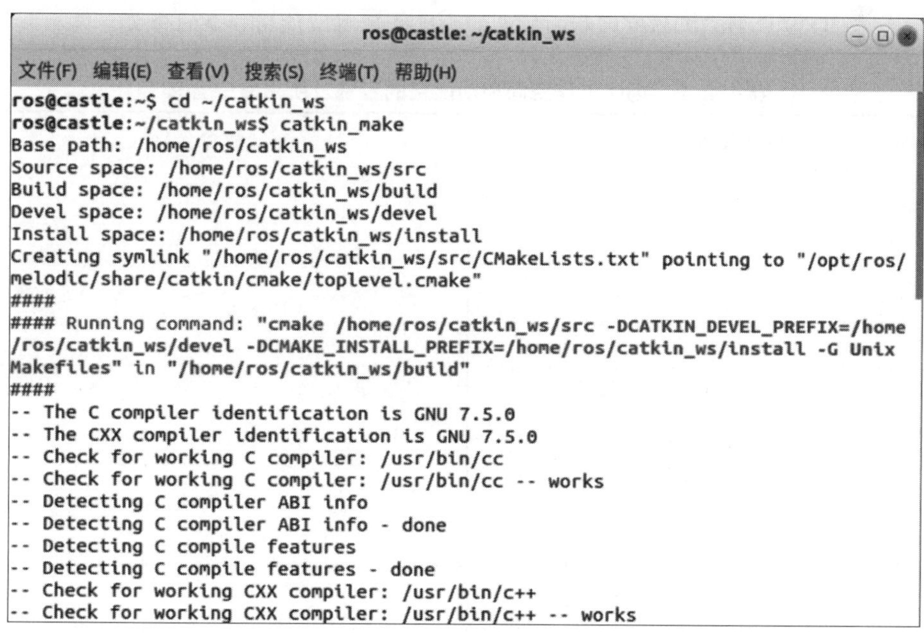

图 4–2–12　编译工作空间

3. 新建一个终端，在终端中依次输入以下命令，使环境变量生效，如图 4-2-13 所示。

```
$ cd catkin_ws
$ source devel/setup.bash
```

```
ros@castle: ~/catkin_ws
文件(F) 编辑(E) 查看(V) 搜索(S) 终端(T) 帮助(H)
ros@castle:~$ cd catkin_ws
ros@castle:~/catkin_ws$ source devel/setup.bash
ros@castle:~/catkin_ws$
```

图 4-2-13　使环境变量生效

4. 新建一个终端，在终端中输入以下命令，查看功能包是否创建成功，如图 4-2-14 所示。

```
$ rospack find beginner_tutorials
```

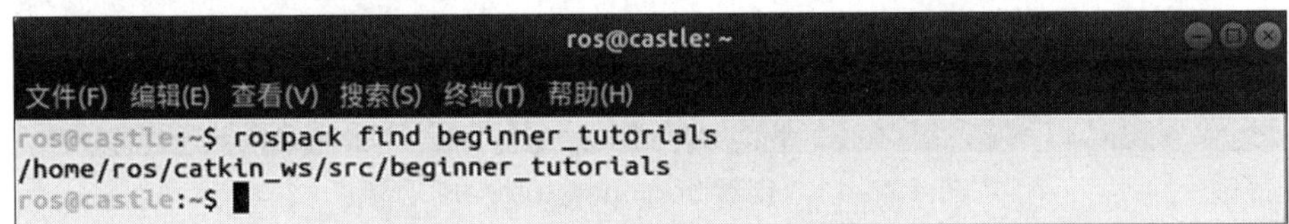

图 4-2-14　查看功能包是否创建成功

任务小结

试总结在 ROS 中创建工作空间和功能包的步骤并理解所使用命令的含义，填入表 4-2-2。

表 4-2-2　创建工作空间和功能包的步骤及所用命令含义

操作步骤	命令含义

续表

操作步骤	命令含义

课后拓展

尝试使用 cmake 方式完成工作空间的创建。

任务三　使用 Python 和 C++ 编写节点程序

任务目标

1. 了解 Python 与 C++ 编程语言的区别
2. 了解 Python 与 C++ 在实际开发中的区别
3. 使用 Python 和 C++ 编写节点程序

课前预习

预习本任务的基础知识，回答以下问题：

1. Python 与 C++ 中，代码量较少的是 ____________。
2. Python 与 C++ 中，执行速度更快的是 ____________。

基础知识

ROS 中的一个软件包可以包含多个可执行文件，这些可执行文件在运行后成为进程，最小的进程单元就是节点，节点可以是由 C++ 编写的可执行文件或由 Python 脚本组成的进程。

一、Python 与 C++ 编程语言的对比

Python 和 C++ 编程语言主要有以下几个方面的区别：

首先，就编程语言的特点而言，Python 是一种动态、解释型语言，语法简洁、易于学习和理解，适合快速开发和原型验证。C++ 是一种静态、编译型语言，执行效率高，适合对性能要求较高的任务和底层开发。

其次，就开发效率和执行效率而言，Python 代码量少，语法简洁，有丰富的库和工具支持，适合快速开发和迭代；相比之下，C++ 需要更多的代码量和语法结构，编写和调试可能会更复杂和耗时。因此，Python 比 C++ 的开发效率更高。但是，C++ 是一种编译型语言，代码在编译阶段转化为机器码，执行速度快；而 Python 是解释型语言，需要在运行时解释执行，执行速度相对较慢。因此，C++ 比 Python 的执行效率更高。

最后，就应用场景而言，Python 适用于快速原型验证、数据处理、脚本编写等场景，如机器人的高层控制、任务调度和算法验证，使用 Python 可以更快速地实现这些功能。而 C++ 适用于对执行效率有较高要求的场景，如底层驱动、实时控制、计算密集型任务等。

二、Python 与 C++ 在实际开发中的区别

1. 编译

Python 是一种解释型语言，而 C++ 是一种编译型语言。这意味着 Python 脚本（后缀为“.py”的文件）在运行之前不需要进行编译，可以直接修改脚本后运行。在 ROS 中，Python 节点程序通常存放在 /scripts 目录下。而 C++ 节点程序需要先编译成可执行文件，然后才能运行。C++ 节点程序的源代码（后缀为“.cpp”的文件）在运行时并不直接参与，而是通过编译器生成的可执行文件来运行。因此，如果修改了 C++ 源代码，需要在 CMakeLists.txt 文件中添加编译语句，然后运行 catkin_make 来重新编译生成可执行文件，才能使修改生效。

2. 编写

本文将以一个名为“hello”的节点为例，分别使用 Python 和 C++ 两种编程语言来编写节点程序，从而理解两种节点程序的区别。

（1）Python 程序

当使用 Python 编写节点程序时，需要在程序的开头使用初始化节点的函数，rospy.init_node( ) 函数会告知 ROS 主系统当前编写的程序是一个 ROS 节点，并且会为该节点提供必要的运行环境。以编写名为“hello”的节点为例，初始化节点的命令如下：

```
rospy.init_node("hello",anonymous=True)
```

rospy.init_node（NAME）函数用于初始化节点并开始与 ROS master 进行通信。这里初始化了一个名为“hello”的节点，需要注意的是，节点的名称不需要以“/”为开头，因为在命令中运行节点时，系统会自动在节点名称前添加“/”。当参数“anonymous”设置为 True 时，系统会在节点名称的末尾添加一串随机数，以确保可以同时运行多个具有相同名称的节点。如果设置为 False，则只能运行一个具有该名称的节点。这样的设置使得节点可以灵活地在系统中创建并进行通信。

```
while not rospy.is_shutdown( ):
hello_str = "Hello World %s" % rospy.get_time( )
rospy.loginfo(hello_str)
rate.sleep( )
```

（注：缩进为 4 个空格）

循环是 rospy 的常用结构，rospy.is_shutdown( ) 是一个用于检查程序是否应该退出循环的函数。当该函数返回 False 时，程序会继续执行；当返回 True 时，程序会退出。一般情况下，可以使用组合键“Ctrl+C”来触发程序退出，从而使 rospy.is_shutdown( ) 返回 True，结束程序的运行。

rospy.get_time() 函数用于获取节点初始化的时间和当前时间，计算它们之间的时间间隔并打印。这有助于在节点中测量和记录操作的执行时间。

rospy.loginfo（str）函数用于在终端屏幕输出调试信息，同时将消息写入节点日志文件和 rosout 节点。

rate.sleep( ) 是一个定时器，该函数使当前线程进入休眠状态，以保持节点消息发送频率的稳定。通过设置合适的频率，可以控制节点的执行速率，从而适应不同的应用场景，避免消息发送过于频繁或不足。

（2）C++ 程序

同样，当使用 C++ 编写节点程序时，需要在程序的开头使用初始化节点的函数，即 ros::init（argc，argv，“node_name”）。以编写名为“hello”的节点为例，初始化节点的命令如下：

```
ros::init(argc, argv, "hello");
```

ros::init( ) 函数用于在 roscpp 节点中进行初始化操作。当编写 node 程序时，需要先调用 ros::init( ) 函数进行节点的初始化，这样才能继续调用其他 roscpp 库中的函数。在初始化过程中，函数会解析命令行中传入的参数，包括 argc 和 argv。在示例代码中，“hello”表示节点的名称。ROS 系统中的节点名称必须是唯一的，如果有重名的节点正在运行，之前运行的节点会被自动关闭以确保节点名称的唯一性。

完成节点的初始化后，需要使用 ros::NodeHandle 函数创建节点句柄（句柄可以理解为一个把手，就像握住门把手一样，用户可以轻松地打开整扇门，而不需要关心门的细节），用于进行节点的其他操作，命令如下：

```
ros::NodeHandle n;
```

上述命令的目的是创建 ROS 节点句柄。在 ROS 中，节点句柄用于描述节点的资源。节点句柄的引入使用户能够方便地对节点进行各种操作，包括但不限于为程序提供服务、监听特定话题上的消息、访问和修改参数等。这一工具提供了一种便捷的方式来管理和调用节点的功能。通过使用节点句柄，用户可以轻松地与 ROS 进行交互，而无须深入关注底层的实现细节。

完成节点句柄的创建后，即可继续其他节点逻辑程序的编写，实例代码如下：

```
while(ros::ok())                          // 当节点关闭时退出循环
  {
      ROS_INFO("Hello World");       // 输出到终端
      loop_rate.sleep();
  }
```

在 while 循环的判断语句中，ros::ok() 接口被用来判断节点是否仍在运行。如果 ros::ok() 返回 False，则表示节点已经关闭，while 循环将结束。

loop_rate.sleep() 是一个用于控制循环频率的函数，它的功能类似于延时函数，使节点在执行完一次循环后暂停一段时间，以实现所需的循环频率。实际运行时，loop_rate.sleep() 将会使循环暂停一段时间，以保持约 10 Hz 的频率。

3. 运行

（1）使用 rosrun 命令启动 Python 脚本的格式如下：

```
$ rosrun [package_name] [file_name]
```

例如：

```
$ rosrun beginning_tutorials hello.py
```

（2）使用 rosrun 命令启动 C++ 节点程序编译成的可执行文件的格式如下：

```
$ rosrun [package_name] [node_name]
```

例如：

```
$ rosrun beginning_tutorials hello
```

任务实施

本任务将通过两个实例进行学习，它们分别为：使用 Python 编写节点程序和使用 C++ 编写节点程序。

一、使用 Python 编写节点程序

1. 在功能包中添加可执行文件。新建一个终端，依次输入以下命令，在 beginner_tutorials 功能包中创建 scripts 文件夹，在 scripts 文件夹中创建 hello.py 文件，并赋予文件可执行的权限，如图 4–3–1 所示。

```
$ cd catkin_ws/src/beginner_tutorials
$ mkdir scripts && cd scripts
$ touch hello.py &&chmod +x hello.py
```

图 4–3–1　在功能包中添加可执行文件

2. 编写可执行文件。在终端中继续输入以下命令，用文本编辑器打开 hello.py 文件，如图 4–3–2 所示。

```
$ gedit hello.py
```

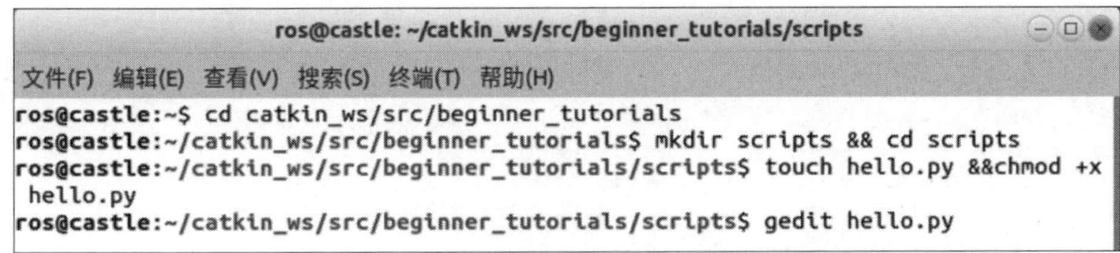

图 4–3–2　用文本编辑器打开 hello.py 文件

3. 将以下程序代码写入 hello.py 文件中，输入结果如图 4–3–3 所示，保存该文件并退出文本编辑器。

```
#!/usr/bin/env python   # 调用系统环境变量里的 Python
#! -*- coding: utf-8 -*-    # 此源程序由 utf-8 编码

import rospy  # 调用 ROS 的 Python 库

```

```
rospy.init_node("hello",anonymous=True)   # 创建名称为 hello 的节点
rate = rospy.Rate(1)                 # 设定频率为 1Hz
while not rospy.is_shutdown( ):        # 检测程序是否退出
    hello_str = "Hello World %s" % rospy.get_time( )
    #hello_str=Hello World+ 当前时间
    rospy.loginfo(hello_str)          # 输出信息到终端
    rate.sleep( )  # 睡眠
```

（注：缩进为 4 个空格）

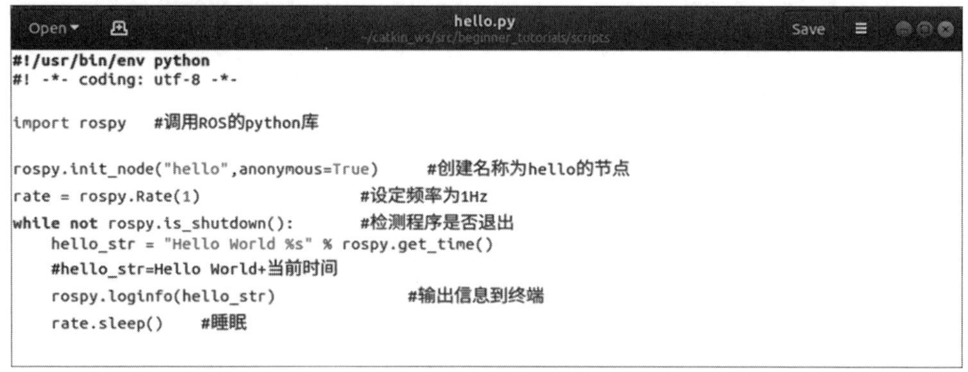

图 4–3–3　在文本编辑器中输入代码

4. 启动程序。由于 Python 脚本是在运行时逐行编译，所以不需要编译整个工作空间。新建两个终端，在两个终端中分别输入以下命令，运行 Python 编写的 Hello World 节点，如图 4–3–4 所示。

```
$ roscore
$ rosrun beginner_tutorials hello.py
```

```
ros@castle: ~
文件(F)  编辑(E)  查看(V)  搜索(S)  终端(T)  帮助(H)
ros@castle:~$ rosrun beginner_tutorials hello.py
[INFO] [1619689340.249290]: Hello World1619689340.25
[INFO] [1619689341.251190]: Hello World1619689341.25
[INFO] [1619689342.250849]: Hello World1619689342.25
[INFO] [1619689343.250569]: Hello World1619689343.25
[INFO] [1619689344.250701]: Hello World1619689344.25
[INFO] [1619689345.249834]: Hello World1619689345.25
[INFO] [1619689346.251053]: Hello World1619689346.25
[INFO] [1619689347.252524]: Hello World1619689347.25
```

图 4–3–4　运行 Python 编写的 Hello World 节点

二、使用 C++ 编写节点程序

1. 在功能包中创建文件。新建一个终端，输入以下命令，在 beginner_tutorials 功能包的 src 文件夹中创建 hello.cpp 文件，并添加可执行的权限，如图 4–3–5 所示。

```
$ cd catkin_ws/src/beginner_tutorials/src
$ touch hello.cpp && chmod +x hello.cpp
```

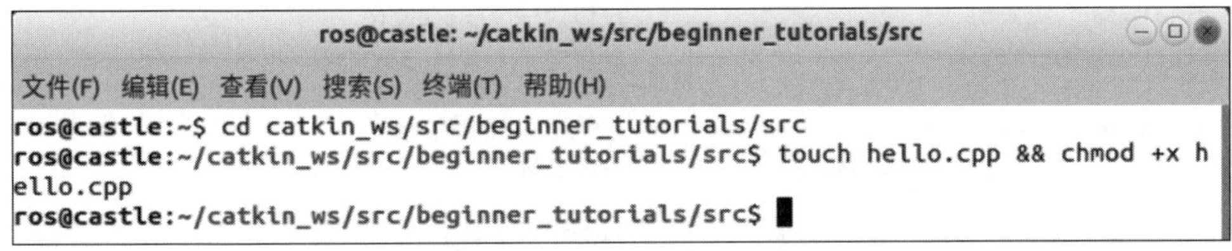

图 4–3–5　创建 hello.cpp 文件

2. 编写节点。在终端中继续输入以下命令，用文本编辑器打开 hello.cpp 文件，如图 4–3–6 所示。

```
$ gedit hello.cpp
```

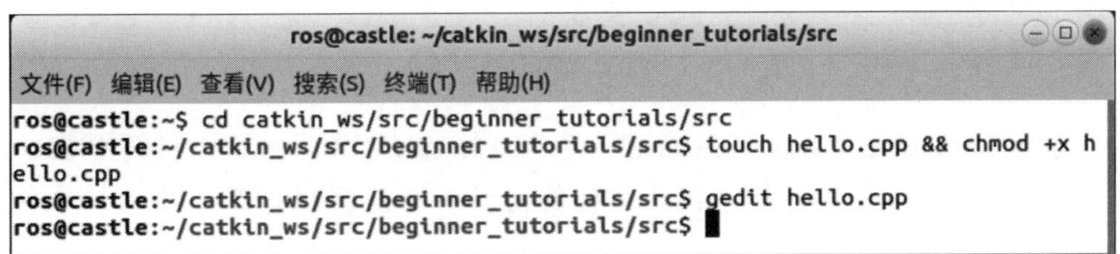

图 4–3–6　用文本编辑器打开 hello.cpp 文件

3. 将以下程序代码写入 hello.cpp 文件中，输入结果如图 4–3–7 所示，保存该文件并退出文本编辑器。

```
#include "ros/ros.h"              // 包含一个 ros 头文件
#include <string>                 // 包含一个 string 头文件

using namespace std;              // 使用命名空间 std
int main(int argc, char **argv)   // 主函数
{
ros::init(argc, argv, "hello");   // 创建一个节点
ros::NodeHandle n;                // 创建 ROS 句柄
ros::Rate loop_rate(1);           // 设置频率
  string str;                     // 声明一个字符串变量 str
  while(ros::ok())                // 当节点关闭时退出循环
  {
    ROS_INFO("Hello World");      // 输出到终端
    loop_rate.sleep();            // 睡眠
  }
}
```

```
#include "ros/ros.h"                    //包含一个ros头文件
#include <string>                       //包含一个string头文件

using namespace std;                    //使用命名空间std
int main(int argc, char **argv)         //主函数
{
ros::init(argc, argv, "hello");         //创建一个节点
ros::NodeHandle n;                      //创建ROS句柄
ros::Rate loop_rate(1);                 //设置频率
    string str;                         //声明一个字符串变量str
    while(ros::ok())                    //当节点关闭时退出循环
    {
    ROS_INFO("Hello World");            //输出到终端
    loop_rate.sleep();                  //睡眠
    }
}
```

图 4–3–7　在文本编辑器中输入代码

4. 打开 CMakeLists.txt 文件。新建一个终端，输入以下命令，打开 CMakeLists.txt 文件，如图 4–3–8 所示；或直接在对应的目录下双击打开 CMakeLists.txt 文件，如图 4–3–9 所示。

```
$ gedit ~/catkin_ws/src/beginner_tutorials/CMakeLists.txt
```

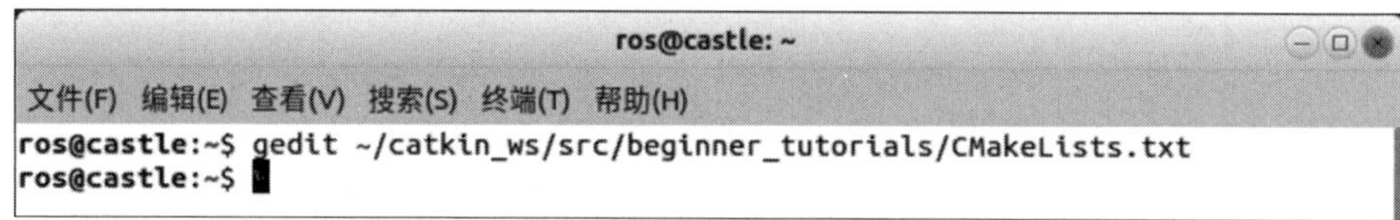

图 4–3–8　输入命令打开 CMakeLists.txt 文件

图 4–3–9　在对应目录中打开 CMakeLists.txt 文件

5. 在 CMakeLists.txt 文件的末尾添加以下语句，添加完毕后如图 4–3–10 所示，然后保存并退出。

```
add_executable(hello src/hello.cpp)
target_link_libraries(hello ${catkin_LIBRARIES})
```

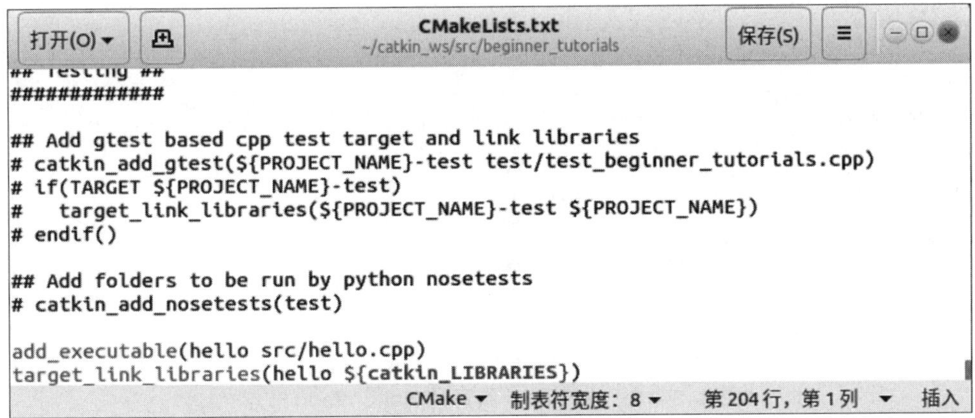

图 4–3–10 添加语句

6. 新建一个终端，依次输入以下命令，使用 catkin 工具编译功能包。如图 4–3–11 所示，当终端窗口最下方显示“Built target hello”时，则代表编译成功，并且已建立了名为“hello”的目标可执行文件。

```
$ cd ~/catkin_ws
$ catkin_make
```

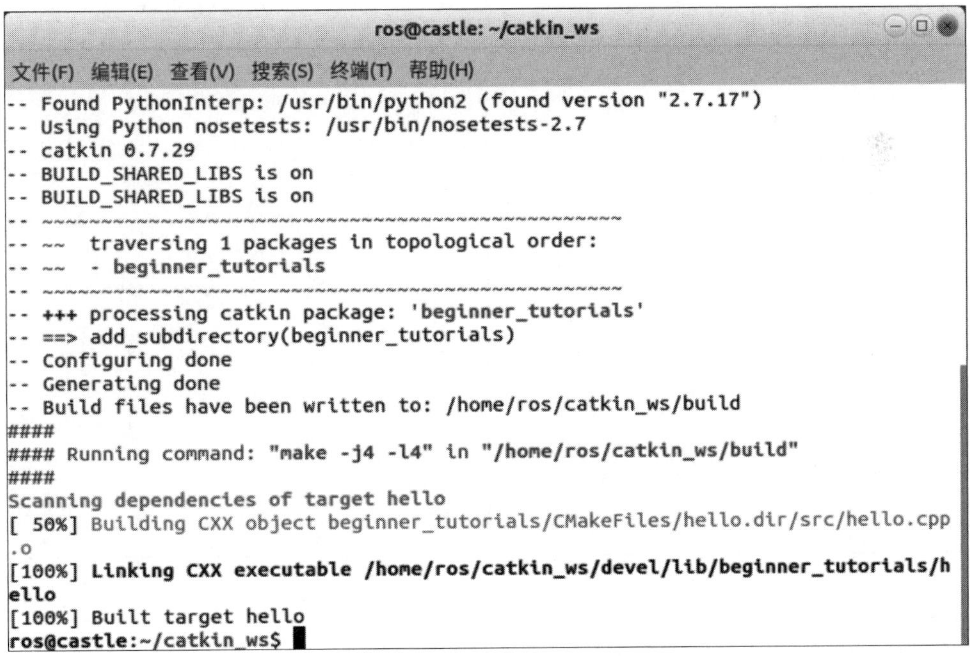

图 4–3–11 工作空间编译成功

7. 运行程序。新建两个终端，分别输入以下命令，运行 C++ 编写的 Hello World 节点，如图 4–3–12 所示。

```
$ roscore
$ rosrun beginner_tutorials hello
```

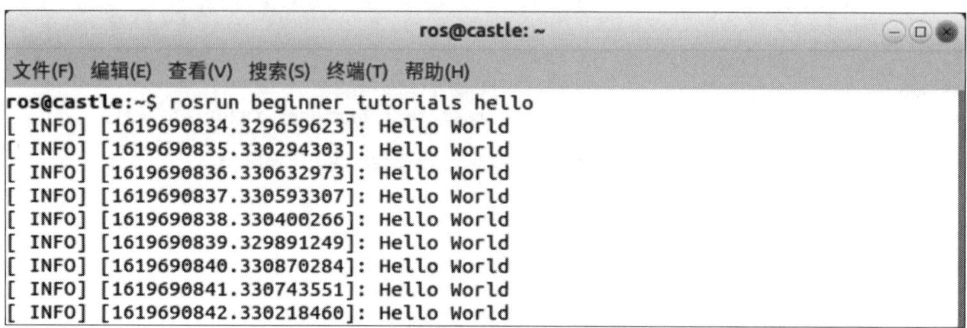

图 4–3–12　运行 C++ 编写的 Hello World 节点

任务小结

对比使用 Python 语言和使用 C++ 语言编写的节点程序的区别，并将此区别记录在表 4–3–1 中。

表 4–3–1　使用 Python 语言和 C++ 语言编写的节点程序的区别

使用 Python 语言	使用 C++ 语言

课后拓展

1. 修改小海龟仿真器节点的名称后，能否启动键盘控制节点来控制小海龟的运动？为什么？

2. 修改 hello.py 或 hello.cpp 文件的内容，打印出“I love China”。

使用 launch 文件实现节点启动和参数设置

任务目标

1. 了解 launch 文件和 launch 文件的标签
2. 掌握 XML 文件的编写注意事项
3. 掌握 launch 文件的参数设置方法
4. 能创建和编写 launch 文件，并且用 roslaunch 命令启动 launch 文件

课前预习

预习本任务的基础知识，回答以下问题：

1. 以下关于 launch 文件的描述中，错误的是（　　）。

A. 可以加载设置好的参数，方便快捷

B. 可以通过 roslaunch 命令启动 launch 文件

C. 在运行 roslaunch 命令前必须先运行 roscore 命令

D. 可以一次性启动多个节点，减少操作

2. launch 文件中 <launch> 标签的作用是什么？

基础知识

一、launch 文件

launch 文件是多个节点和参数的集合文件，可以将要启动的节点和对应的参数全部写入 launch 文件中，然后使用 roslaunch 命令一次启动多个节点。launch 文件遵循 XML 语言（可扩展标记语言，可以用来标记数据、定义数据类型，是一种允许用户对自己的标记语言进行定义的源语言）规范。和其他 ROS 文件相同，每一个启动文件都应该与一个特定的功能包关联起来，通常以“.launch”作为启动文件名称的后缀。

最简单的方法是将启动文件直接存放在功能包的根目录中。当查找启动文件时，roslaunch 工具会同时搜索每个功能包目录的子目录。包括 ROS 核心包在内的许多功能包都是利用这一特性，将所有启动文件统一存放在一个子目录中，该子目录通常命名为“ launch”。

二、launch 文件的标签

launch 文件是 XML 格式，它是由各种标签元素组成的。因此，要理解并且熟练编写 launch 文件，需要熟悉 launch 文件中各个标签的含义及其书写格式。launch 文件的结构参考如下：

```
<launch>
  <!-- 第 1 个节点 -->
  <node pkg=" 包名 " type=" 包内可执行程序名字 " name=" 节点名 ">
    <!-- 注释内容 -->
    <para name=" 程序中的数值或布尔参数 " value="" />
    <para name=" 程序中的字符串参数 " value="" type="str" />
    ...
  </node>
  <!-- 第 n 个节点 -->
   <node pkg=" 包名 " type=" 包内可执行程序名字 " name=" 节点名 ">
     ...
   </node>
 </launch>
```

launch 文件中各标签的作用见表 4–4–1。

表 4–4–1　launch 文件中各标签的作用

标签	作用
<launch>	标志 roslaunch 语句的开始（<launch>）和结束（</launch>）
<node>	用于启动一个 ROS 节点。元素通常包括节点的名称、要执行的可执行文件、参数设置以及其他与节点相关的配置
<machine>	可以设置该节点的机器名称、地址等信息
<include>	可以加载属于同一个功能包或不同功能包的另一个 launch，并将其作为一个 launch 文件来运行
<remap>	可以使节点在不修改其代码的情况下适应不同的通信配置，重新映射节点或话题的名称
<env>	可以设置环境变量，如路径和 IP（很少使用）
<param>	可以设置参数名称、类型、值等

续表

标签	作用
<rosparam>	可以查看和修改 load、dump、delete 等参数消息
<group>	可以分组正在运行的节点
<test>	可以测试节点，与 <node> 类似，但是有可以用于测试的选项
<arg>	可以在 launch 文件中定义一个变量，以便在运行时更改参数

初学者不一定要准确掌握每个标签的作用，但应该有大致的了解。如果需要自己编写 launch 文件，可以从修改 launch 文件的模板入手，基本可以满足普通项目的要求。本文重点介绍 <launch> 和 <node> 标签。

1. <launch>

<launch> 是 ROS launch 文件的根元素，它是 XML 文档的最顶层元素。每个 ROS launch 文件必须包含且仅包含一个根元素，它由一对 <launch> 标签定义。

```
<launch>
...
</launch>
```

其他的所有元素标签都要写在 <launch> 与 </launch> 标签之间。

2. <node>

<node> 标签的作用是启动节点。每个 launch 文件的核心是节点的集合。每个节点都必须具有唯一的名称，node 元素的格式如下：

```
<node pkg="..." type="..." name="..."/>
```

注意：<node> 标签末尾的“/”很重要，编写 launch 文件时不要遗漏。

“/”表明：这里不会再有“</node>”出现，并且 node 元素的定义完成。

也可以写为显示关闭标签的形式：

```
<node pkg="..." type="..." name="...">
</node>
```

node 元素必需的三个属性为 pkg、type 和 name，它们的详细说明见表 4–4–2。

表 4–4–2　node 元素必需属性的说明

属性	说明
pkg	节点所在功能包的名称
type	用于指定要运行的节点的类型
name	节点名称

node 元素中不仅有 pkg 、type 和 name 三个最常用的属性，在某些情况下，还可能用到其他属性，具体见表 4–4–3。

表 4–4–3　node 元素其他属性的说明

属性	说明
args="arguments"	节点需要输入的参数
output="screen"	将节点的标准输出打印到终端屏幕，默认输出为日志文档
respawn="ture"	复位属性，当该节点停止时，会自动重启，默认为 false
required="true"	必要节点，当该节点终止时，launch 文件中的其他节点也被终止

三、XML 文件的编写注意事项

XML 文件是使用 XML 语言编写的文本文件，它由标签和数据组成。标签用于标识数据的结构和语义，而数据则是实际的内容。在 ROS 中，XML 文件被广泛应用于描述、配置各种功能和组件。编写 XML 文件时的注意事项如下：

1. 所有元素必须有结束标签。
2. XML 语法对大、小写敏感，即大、小写字母应区分对待。
3. 嵌套格式必须正确。
4. 同级标签要对齐。
5. 元素名称可以包含字母、数字或其他字符，但是不能以数字或标点符号开始。
6. 元素名称中不能包含空格。
7. XML 属性值必须加引导符号。
8. XML 文件中字符“<”和“&”是非法的，需要用实体引用来代替它们，XML 文件中 5 个特殊字符的实体引用见表 4–4–4。

表 4–4–4　XML 文件中 5 个特殊字符的实体引用

字符	实体引用	描述
<	<	小于
>	>	大于
“	"	双引号
‘	'	单引号
&	&	和

9. XML 文件的注释格式为：

```
<!-- 注释内容 -->
```

10. XML 文件的声明语句格式如下，该语句声明了使用的 XML 版本以及编写使用的编码格式，launch 文件不要求编写声明。

```
<?xml version = "1.0" encoding = "UTF-8"?>
```

四、launch 文件的参数设置

launch 文件支持参数设置功能，类似于编程语言中的变量声明。参数设置的标签元素为 <param> 和 <arg>，其中 <param> 代表 parameter，<arg> 则代表 argument。这两个标签元素的含义都是参数，但是它们的意义完全不同，具体区别如下：

1. <param>

使用方法如下：

```
<param name=". . ." value=". . ."/>
```

一些复杂系统中的参数数量很多，如果一个一个地设置会非常麻烦，因此 ROS 提供了另外一种类似的参数加载方式——<rosparam>，具体用法如下：

```
<rosparamfile="$(find...)/.../xxx.yaml" command="load" ns="..." />
```

<rosparam> 可以将一个 yaml 格式的文件中的参数全部加载到 ROS 参数服务器中，需要设置 command 属性为“load”，还可以选择设置命名空间（ns，即 namespace 的缩写）。

2. <arg>

argument 类似于 launch 文件内部的局部变量，仅限于 launch 文件使用，作用是便于 launch 文件的重构，与 ROS 节点内部的实现没有关系，具体用法如下：

```
<arg name="arg-name" default="arg-value"/>
```

任务实施

本任务将学习创建和编写 launch 文件，并且用 roslaunch 命令启动 launch 文件。

一、创建 launch 文件

新建一个终端，在终端中依次输入以下命令，在 beginner_tutorials 功能包中创建 launch 文件夹，并在 launch 文件夹下创建 turtle.launch 文件，如图 4-4-1 所示。

```
$ roscd beginner_tutorials
$ mkdir launch && cd launch
$ touch turtle.launch
```

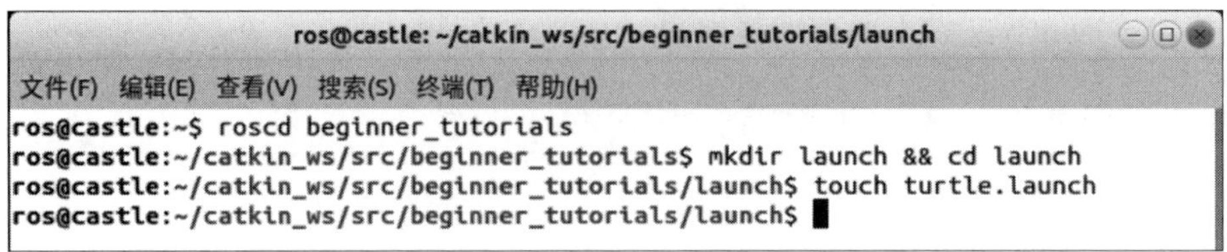

图 4–4–1　创建 turtle.launch 文件

二、编写 launch 文件

1. 在终端中继续输入以下命令，打开小海龟仿真的 launch 文件，如图 4–4–2 所示。

```
$ gedit turtle.launch
```

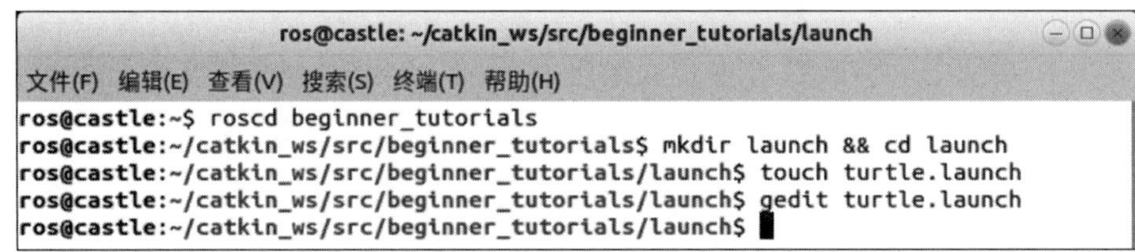

图 4–4–2　打开小海龟仿真的 launch 文件

2. 将以下内容写入文件中，如图 4–4–3 所示。launch 文件编写完毕后，保存文件并退出。

```
<launch>
  <!-- 启动小海龟节点 -->
  <node pkg="turtlesim" name="sim" type="turtlesim_node"/>
  <!-- 发布速度消息 -->
  <node pkg="rostopic" name="pub_cmd_vel" type="rostopic"  args="pub /
turtle1/cmd_vel geometry_msgs/Twist -r 1 -- '[2.0, 0.0, 0.0]' '[0.0, 0.0, -1.8]' " />
</launch>
```

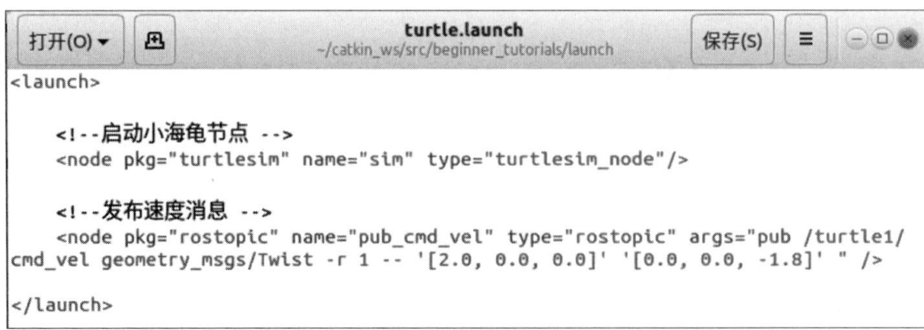

图 4–4–3　编写完成的 launch 文件

三、用 roslaunch 命令启动 launch 文件

新建一个终端，输入以下命令，启动 turtle.launch 文件后，小海龟自动画圈，如图 4-4-4 所示。

```
$ roslaunch beginner_tutorials turtle.launch
```

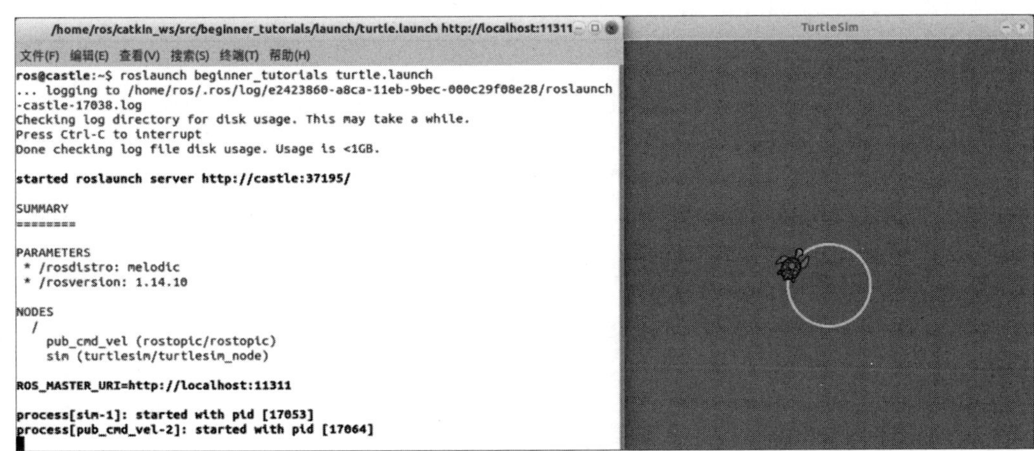

图 4-4-4 小海龟自动画圈

任务小结

结合基础知识，以小海龟控制为例，总结 launch 文件中的 XML 语言所对应的命令行工具，包括话题、服务、参数等，填入表 4-4-5 中。

表 4-4-5 XML 语言所对应的命令行工具

序号	功能	XML 语言	命令行工具
1	启动小海龟节点	<node pkg="turtlesim" name="sim" type="turtlesim_node"/>	rosrun turtlesim turtlesim_node

续表

序号	功能	XML 语言	命令行工具

课后拓展

修改 launch 文件中的参数，改变小海龟的运动轨迹。

任务五 使用 launch 文件实现多节点启动

任务目标

1. 掌握多节点启动 launch 文件的编写方法
2. 能通过编写 launch 文件实现用键盘控制两只小海龟
3. 能通过编写 launch 文件实现一只小海龟模仿另一只小海龟的行为

课前预习

预习本任务的基础知识，回答以下问题：

1. 什么是压入命名空间？
2. 常用的压入命名空间的方法是什么？

基础知识

多节点启动 launch 文件的编写

在 ROS 中，一个节点程序通常只能完成功能单一的任务，一个完整的 ROS 机器人一般有很多个节点程序同时运行、相互协作以完成复杂的任务，这就要求启动机器人时必须要启动多个节点程序。

为了高效地启动 ROS 机器人中的多个节点，可以将所有需要启动的节点写入 launch 文件中，并使用 roslaunch 命令调用该文件。这种方式极大地简化了启动多个节点的过程，提高了系统的可靠性和效率。

ROS 支持相对名称，相对名称用到了默认命名空间的概念。为一个节点设置默认命名空间的过程称为压入命名空间，常用的方法是使用一个启动文件，并为其节点元素配置命名空间属性，具体程序如下：

```
<group ns="turtlesim1">
    <node pkg="turtlesim" name="sim" type="turtlesim_node"/>
</group>

<group ns="turtlesim2">
    <node pkg="turtlesim" name="sim" type="turtlesim_node"/>
</group>
```

上述程序创建了两个节点分组并以命名空间标签来区分，其中一个命名为“turtlesim1”，另一个命名为“turtlesim2”。虽然两个组都使用相同的 turtlesim 节点并命名为“sim”，但由于分别设置了命名空间，因此可以同时启动两个 turtlesim 模拟器而不会产生冲突。

启动模仿节点，并将所有话题的输入和输出分别重命名为“turtlesim1 turtle1”和“turtlesim2 turtle1”，就可以使 turtlesim2 模仿 turtlesim1，具体程序如下：

```
<node pkg="turtlesim" name="mimic" type="mimic">
  <remap from="input" to="turtlesim1/turtle1"/>
  <remap from="output" to="turtlesim2/turtle1"/>
</node>
```

任务实施

本任务将通过编写 launch 文件实现两个实例：使用键盘控制两只小海龟、一只小海龟模仿另一只小海龟的行为。

一、使用键盘控制两只小海龟

这里以同时启动两个小海龟节点和键盘控制节点为例。

1. 新建一个终端，在 beginner_tutorials 功能包中创建 launch 文件夹，输入以下命令，进入 launch 文件夹路径，如图 4–5–1 所示。

```
$ roscd beginner_tutorials/launch
```

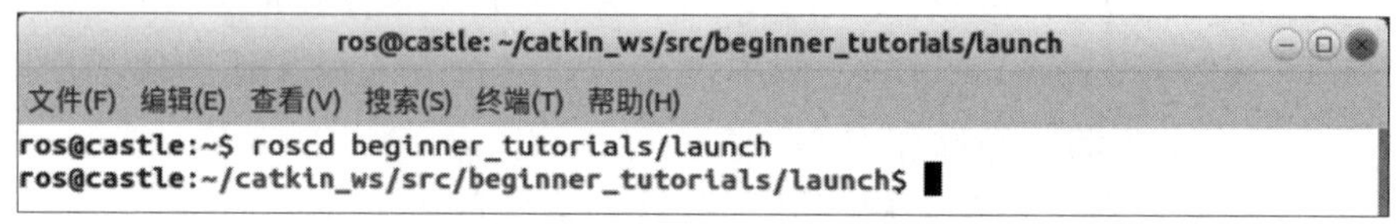

图 4–5–1　进入 launch 文件夹路径

2. 在终端中继续输入以下命令，在 launch 文件夹路径中创建 turtlekey.launch 文件并使用文本编辑器打开，如图 4–5–2 所示。

```
$ touch turtlekey.launch
$ gedit turtlekey.launch
```

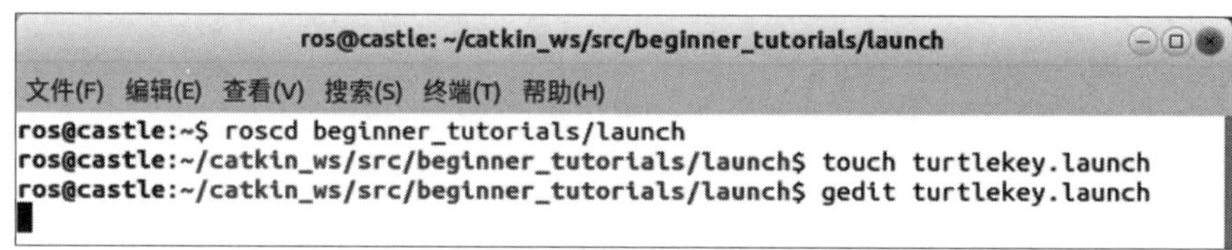

图 4–5–2　创建并打开 turtlekey.launch 文件

3. 将以下程序代码写入 turtlekey.launch 文件，输入结果如图 4–5–3 所示，保存该文件并退出。

```
<launch>
  <!-- 启动 2 个小海龟节点 -->
  <node pkg="turtlesim" name="sim1" type="turtlesim_node"/>
  <node pkg="turtlesim" name="sim2" type="turtlesim_node"/>
  <!-- 启动键盘控制节点 -->
  <node pkg="turtlesim" name="teleop_key" type="turtle_teleop_key"/>
</launch>
```

4. 新建一个终端，输入以下命令，启动 launch 文件，执行结果如图 4–5–4 和图 4–5–5 所示。launch 文件启动后，所有的节点都在同一个终端中显示，且键盘同时控制两只小海龟运动。

```
$ roslaunch beginner_tutorials turtlekey.launch
```

turtlekey.launch
~/catkin_ws/src/beginner_tutorials/launch

```
<launch>
    <!--启动2个小海龟节点 -->
    <node pkg="turtlesim" name="sim1" type="turtlesim_node"/>
    <node pkg="turtlesim" name="sim2" type="turtlesim_node"/>

    <!--启动键盘控制节点 -->
    <node pkg="turtlesim" name="teleop_key" type="turtle_teleop_key"/>

</launch>
```

图 4–5–3　编写并保存 turtlekey.launch 文件

/home/ros/catkin_ws/src/beginner_tutorials/launch/turtlekey.launch http://localhost:11311

文件(F)　编辑(E)　查看(V)　搜索(S)　终端(T)　帮助(H)

```
ros@castle:~$ roslaunch beginner_tutorials turtlekey.launch
... logging to /home/ros/.ros/log/69166a8e-a95f-11eb-9bec-000c29f08e28/roslaunch
-castle-17419.log
Checking log directory for disk usage. This may take a while.
Press Ctrl-C to interrupt
Done checking log file disk usage. Usage is <1GB.

started roslaunch server http://castle:42369/

SUMMARY
========

PARAMETERS
 * /rosdistro: melodic
 * /rosversion: 1.14.10

NODES
  /
    sim1 (turtlesim/turtlesim_node)
    sim2 (turtlesim/turtlesim_node)
    teleop_key (turtlesim/turtle_teleop_key)

auto-starting new master
process[master]: started with pid [17429]
```

图 4–5–4　启动 turtlekey.launch 文件

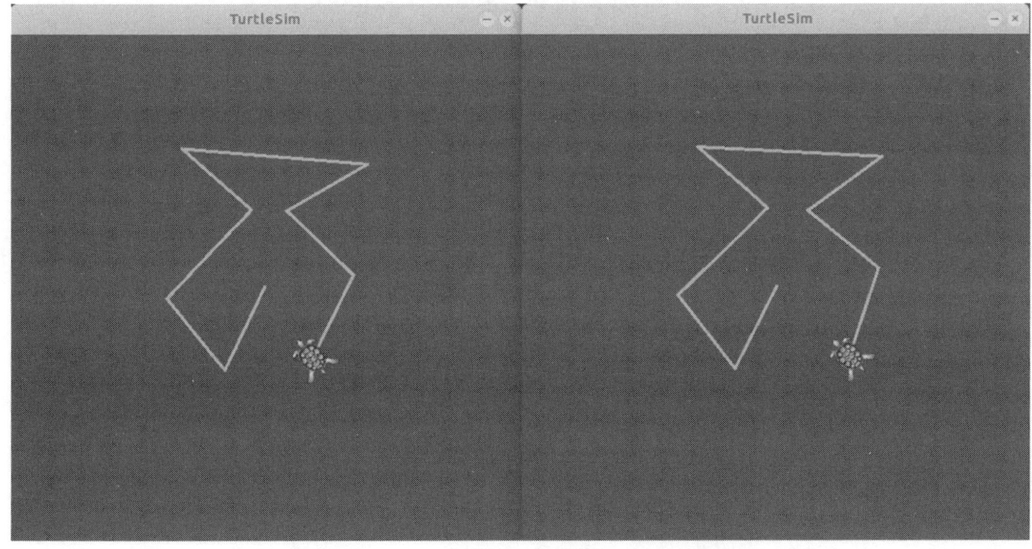

图 4–5–5　键盘同时控制两只小海龟运动

二、一只小海龟模仿另一只小海龟的行为

1. 在终端中依次输入以下命令，在 beginner_tutorials 功能包的 launch 文件夹中创建 turtlebot.launch 文件，如图 4–5–6 所示。

```
$ roscd beginner_tutorials/launch
$ touch turtlebot.launch
$ gedit turtlebot.launch
```

```
ros@castle: ~/catkin_ws/src/beginner_tutorials/launch
文件(F) 编辑(E) 查看(V) 搜索(S) 终端(T) 帮助(H)
ros@castle:~$ roscd beginner_tutorials/launch
ros@castle:~/catkin_ws/src/beginner_tutorials/launch$ touch turtlebot.launch
ros@castle:~/catkin_ws/src/beginner_tutorials/launch$ gedit turtlebot.launch
```

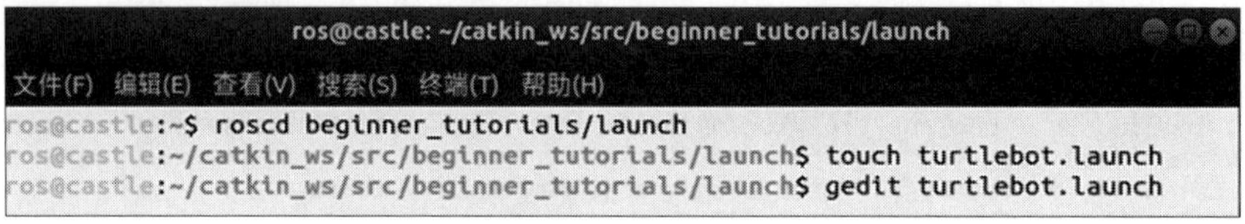

图 4–5–6　创建 turtlebot.launch 文件

2. 将以下代码写入 turtlebot.launch 文件，输入结果如图 4–5–7 所示，保存该文件并退出。

```
<launch>
  <group ns="turtlesim1">
    <node pkg="turtlesim" name="sim" type="turtlesim_node"/>
  </group>
  <group ns="turtlesim2">
    <node pkg="turtlesim" name="sim" type="turtlesim_node"/>
  </group>
  <node pkg="turtlesim" name="mimic" type="mimic">
    <remap from="input" to="turtlesim1/turtle1"/>
    <remap from="output" to="turtlesim2/turtle1"/>
  </node>
</launch>
```

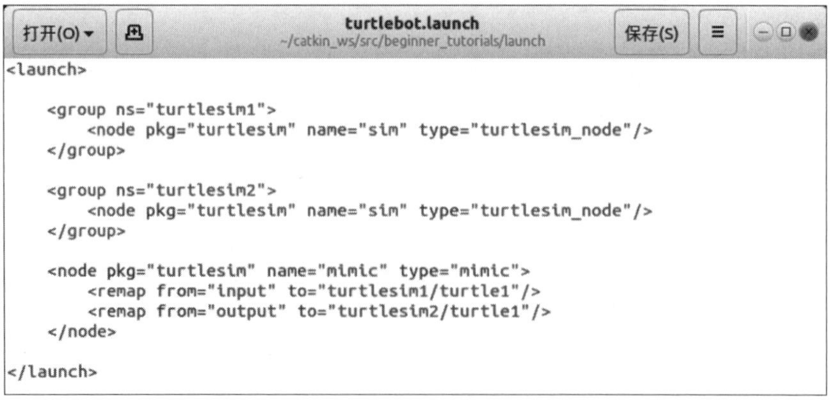

```
打开(O)▾   turtlebot.launch ~/catkin_ws/src/beginner_tutorials/launch   保存(S)
<launch>

    <group ns="turtlesim1">
        <node pkg="turtlesim" name="sim" type="turtlesim_node"/>
    </group>

    <group ns="turtlesim2">
        <node pkg="turtlesim" name="sim" type="turtlesim_node"/>
    </group>

    <node pkg="turtlesim" name="mimic" type="mimic">
        <remap from="input" to="turtlesim1/turtle1"/>
        <remap from="output" to="turtlesim2/turtle1"/>
    </node>

</launch>
```

图 4–5–7　编写 turtlebot.launch 文件

3. 新建一个终端，输入以下命令，启动 turtlebot.launch 文件，如图 4–5–8 所示。

```
$ roslaunch beginner_tutorials turtlebot.launch
```

4. 新建一个终端，输入以下命令，向第一只小海龟（turtle1）发送速度设定消息，如图 4–5–9 所示。

```
$ rostopic pub /turtlesim1/turtle1/cmd_vel geometry_msgs/Twist -r 1 -- '[2.0, 0.0, 0.0]'
'[0.0, 0.0, -1.8]'
```

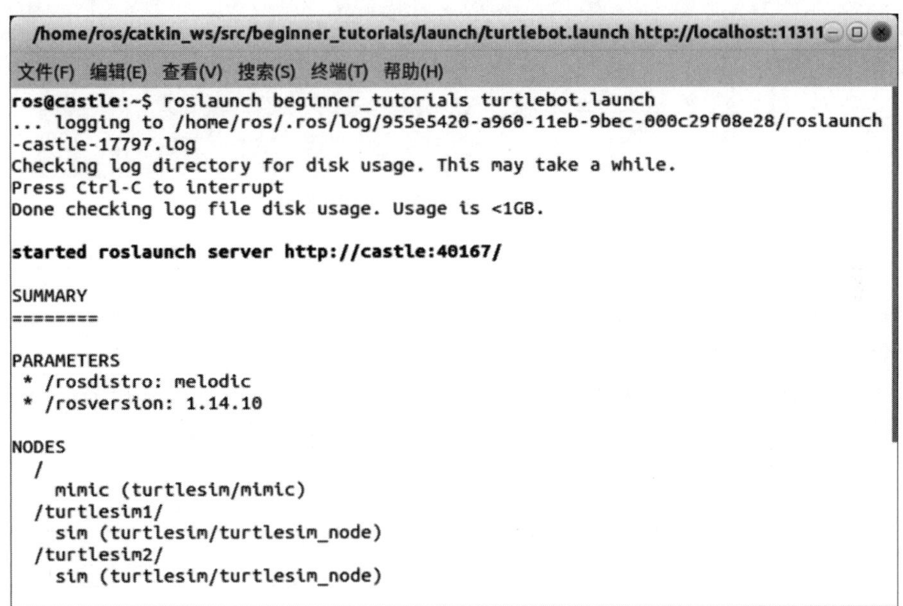

图 4–5–8 启动 turtlebot.launch 文件

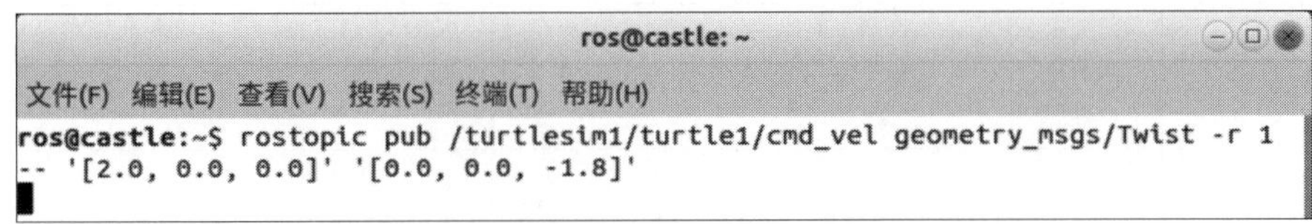

图 4–5–9 用 rostopic 命令发送速度设定消息

命令执行后，两只小海龟会同时开始转圈，如图 4–5–10 所示。虽然只是给 turtlesim1 发送了速度设定消息，但由于程序设定了 turtlesim2 将模仿 turtlesim1 的行为，因此两只小海龟会同时运动。

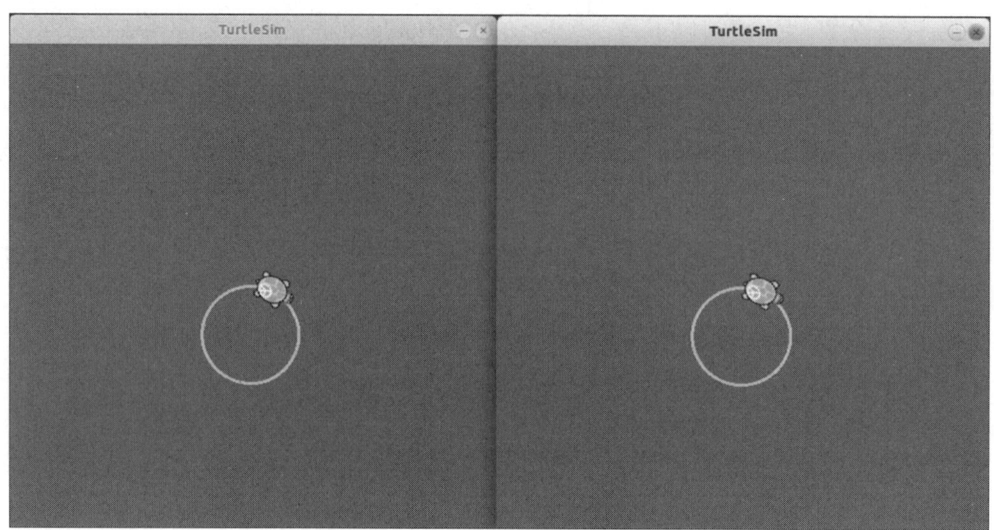

图 4-5-10　两只小海龟同时运动

任务小结

本任务的两个实例最终实现的效果非常相似，都是两只小海龟同时运动。结合所学的知识，对比两个实例，将各自的优缺点和应用场景记录在表 4-5-1 中。

表 4-5-1　实例记录

项目	实例一	实例二
优点		
缺点		
应用场景		

课后拓展

修改和补充 launch 文件中的参数，实现同时控制三只小海龟运动。其中，两只小海龟能根据键盘的控制做出相同的动作，第三只小海龟跟随其他两只小海龟做出相同的动作。

项目五 话题通信机制的实现

话题通信机制是 ROS 的核心通信机制，在机器人操作系统的学习中至关重要。本项目将学习话题通信机制的基本原理、特点及其实现方法。通过本项目的学习，应能全面理解话题通信机制，并能使用话题通信机制实现节点通信和控制小海龟移动。

学习目标

- ✧ 掌握话题通信机制的原理、特点和使用方法
- ✧ 能使用话题通信机制实现小海龟的控制

项目任务

- ✧ 任务一　话题通信机制基础概述
- ✧ 任务二　使用话题通信机制实现节点通信
- ✧ 任务三　使用话题通信机制控制小海龟移动

任务一 话题通信机制基础概述

任务目标

1. 掌握话题通信机制的原理和特点
2. 了解话题通信机制的消息类型
3. 了解话题通信机制在机器人系统中的应用

课前预习

预习本任务的基础知识，回答以下问题：

1. 在话题通信中，一个节点可以作为消息的 ____________，将数据发布到特定的话题上；而其他节点可以作为 ____________，通过订阅相应的话题来接收发布者发送的消息。

2. 在话题通信中，节点的启动顺序 ____________（会 / 不会）影响消息的传递。

基础知识

一、话题通信机制的原理和特点

项目二任务三已经初步介绍了话题通信机制的基本原理。话题通信机制定义了一种发布 / 订阅模式，在这种模式下，一个节点可以作为消息的发布者，将数据发布到特定的话题上；而其他节点可以作为订阅者，通过订阅相应的话题来接收发布者发送的消息。在发布 / 订阅模式中，发布者和订阅者之间通过话题传递消息，发布者节点负责将消息发布到话题上，而无须了解订阅该话题的节点的存在。这使发布者与订阅者之间解耦（一种计算机科学中的设计原则，指的是减少模块、组件或系统之间的依赖性，使它们能够独立地进行修改、扩展或替换，而不会对其他部分产生过多的影响），并允许节点之间进行松散耦合的通信。

由于话题通信机制为异步通信，因此对节点的启动顺序没有严格的要求。节点可以按照不同的顺序启动，而不会影响消息的传递。发布者和订阅者之间的通信不需要实时连接，消息可以在发布时被缓存，直到订阅者准备好接收它们，这为节点之间的数据交流提供了灵活性和可靠性。

二、话题通信机制的消息类型

话题通信可以支持多种消息类型，包括字符串型、整型、浮点型、数组型等以及这些类型组合而成的结构体，且 ROS 允许用户创建自定义的消息类型。ROS 提供了标准消息（std_msgs）以及常用消息类型（包括 geometry_msgs、sensor_msgs、nav_msgs 等），用户可以直接调用这些消息，ROS 的消息类型见表 5–1–1。

表 5–1–1　ROS 的消息类型

功能包名称	消息类型	描述
std_msgs	Bool	布尔型
	Char	字符型
	String	字符串型
	Int64	64 位整型
	Int64MultiArray	整型数组型
	Float64	64 位浮点型
	FloatMultiArray	浮点型数组型
geometry_msgs	Point	坐标点型
	Pose	位姿信息型
	Quaternion	四元数信息型
	Twist	线速度与角速度信息型
sensor_msgs	Image	图像数据型
	Imu	惯导信息型
	LaserScan	激光雷达信息型
	PointCloud	三维点云信息型
nav_msgs	Odometry	里程计信息型
	Path	路径信息型

三、话题通信机制在机器人系统中的应用

话题通信机制在机器人系统中有广泛的应用。例如，在自主移动机器人系统中，摄像头、激光雷达等感知节点将感知到的环境数据发布到相应的话题上，导航节点通过订阅这些话题，获取环境数据并进行路径规划、避障等操作。又如，在机器人控制系统中，机器人控制节点可以通过发布控制命令的话题，向执行器节点发送控制指令，实现机器人的运动控制、姿态调整等功能。此外，多个机器人之间可以通过话题通信实现协作与协调。例如，无人驾驶汽车团队中，不同的车辆可以通过发布 / 订阅位置、目标信息等话题来进行协作，实现任务分配、路径规划和协同工作。最后，话题通信模型还应用于机器人监测和诊断系统。例如，诊断节点可以发布话题来传输机器人状态、故障信息等数据，监测节点订阅这些话题，并对数据进行实时监测和诊断，以便进行故障检测和维护。

任务小结

谈谈你对话题通信机制的理解，如定义、特点等，记录在表 5-1-2 中。

表 5-1-2　任务小结

课后拓展

试查找资料，总结话题通信机制的优势。

任务二　使用话题通信机制实现节点通信

任务目标

1. 掌握节点发布话题函数的用途和使用方法
2. 掌握节点订阅话题函数的用途和使用方法
3. 能创建节点文件和节点程序并编写相应的代码，实现节点话题通信

课前预习

预习本任务的基础知识，回答以下问题：

1. 创建发布者的函数是____________________。
2. 创建订阅者的函数是____________________。
3. ［多选题］关于话题通信机制的描述，正确的有（　　）。

A. 是一种异步通信机制

B. 一个话题至少要有一个发布者和一个接收者

C. 可以通过 rostopic list 命令查看当前活跃的话题

D. 一个节点最多只能发布一个话题

基础知识

一、节点发布话题函数

节点发布话题的方法非常简单，只需使用 rospy.publisher( ) 函数即可创建一个发布者。例如，创建一个名为“pub”的发布者，它将发布一个名为“chatter”的话题，消息类型为 String（字符串型），并设置缓存区大小为 5，代码如图 5–2–1 所示。

发布者创建完成后，使用 publish( ) 函数即可发布消息到话题中，代码如图 5–2–2 所示。需要注意的是，发布的消息类型需要与创建发布者时的消息类型一致。创建发布者“pub”指定的消息类型为字符串型，则使用 publish( ) 函数时也要用字符串型数据。

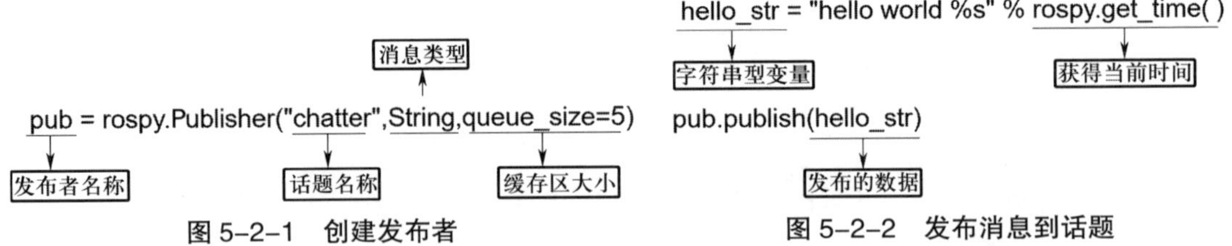

图 5–2–1　创建发布者　　图 5–2–2　发布消息到话题

二、节点订阅话题函数

订阅话题时需要使用 rospy.subscriber( ) 函数创建一个订阅者，由于接收到消息后需要处理消息，所以订阅者应有一个回调函数（可以作为参数传递的函数），当订阅者接收到话题的数据时，会调用一次回调函数对数据进行处理。例如，创建一个订阅者，这个订阅者订阅的话题为“chatter”，消息类型为字符串型，回调函数名称为“callback”，代码如图 5–2–3 所示。

图 5–2–3 中的代码在运行时会创建一条线程，并不断等待话题消息的输入。当指定的话题中输入消息时，将会调用回调函数。示例中回调函数的作用是获取消息并将消息输出到终端中，代码如图 5–2–4 所示。

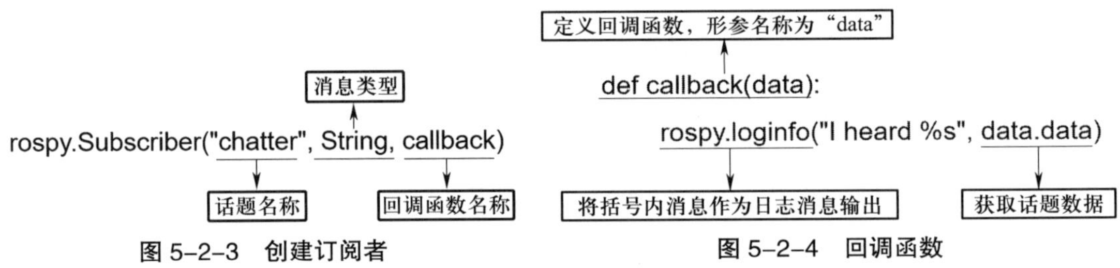

图 5–2–3　创建订阅者　　图 5–2–4　回调函数

rospy.loginfo( ) 函数可以将括号内的消息作为日志消息输出，也可以输出到终端中，订阅者接收到消息后，可以在终端中查看消息。

String 类型的消息数据在 data 属性中，所以若要获取 String 类型的消息数据，需要读取回调函数形参的 data 属性，即 data.data。

任务实施

本任务将在之前项目创建的 beginner_tutorials 功能包中创建 talker.py 节点文件和 listener.py 节点程序，并编写相应的代码，实现节点话题通信。

一、创建 talker.py 节点文件

1. 新建一个终端，输入以下命令，进入之前项目创建的 beginner_tutorials 功能包的

scripts 文件夹中，如图 5-2-5 所示。

```
$ roscd beginner_tutorials/scripts
```

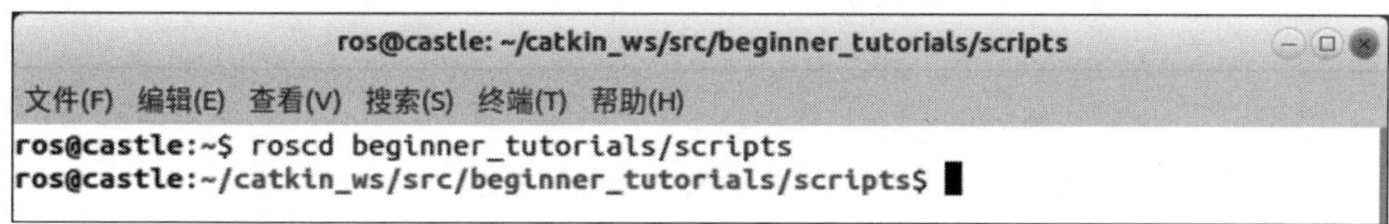

图 5-2-5　进入 scripts 文件夹

2. 在终端中继续输入以下命令，在上述文件夹中创建 talker.py 文件并使用文本编辑器打开该文件，如图 5-2-6 所示。

```
$ touch talker.py
$ gedit talker.py
```

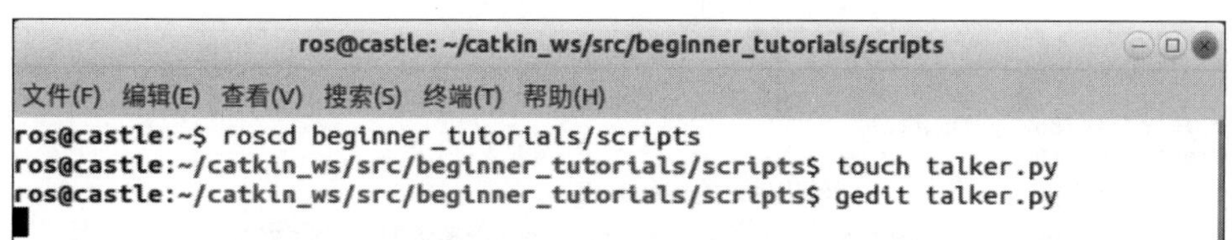

图 5-2-6　创建 talker.py 文件并使用文本编辑器打开

二、编写 talker.py 节点文件

1. 将以下代码写入 talker.py 文件并保存，如图 5-2-7 所示。

```
#!/usr/bin/env python2.7  # 调用系统环境变量里的 Python2.7
#coding:utf-8             # 此源程序由 utf-8 编码

import rospy              # 调用 ROS 的 Python 库
from std_msgs.msg import String
# 从 std_msgs.msg 消息类型库中调用 String 消息类型

def talker(): # 定义发布者函数
    pub = rospy.Publisher('chatter', String, queue_size=10)
    # 定义发布的主题名称 chatter，消息类型 String
    rospy.init_node('talker', anonymous=True)
    # 创建名为 talker 的节点

    rate = rospy.Rate(0.5)  # 发布频率为 0.5hz
```

```
    while not rospy.is_shutdown():
    # 用于检测程序是否退出，是否按“Ctrl-C”或其他键
        hello_str = "hello world %s" % rospy.get_time()
        # 变量 hello_str=Hello World+ 当前时间
        rospy.loginfo(hello_str)
        # 将变量 hello_str 打印到终端
        pub.publish(hello_str)   # 发布信息到主题
        rate.sleep()  # 睡眠

if __name__ == '__main__':   # 主程序的入口
    try:
        talker()          # 执行发布者函数
    except rospy.ROSInterruptException:
        pass              # 若遇到报错，则退出程序
```

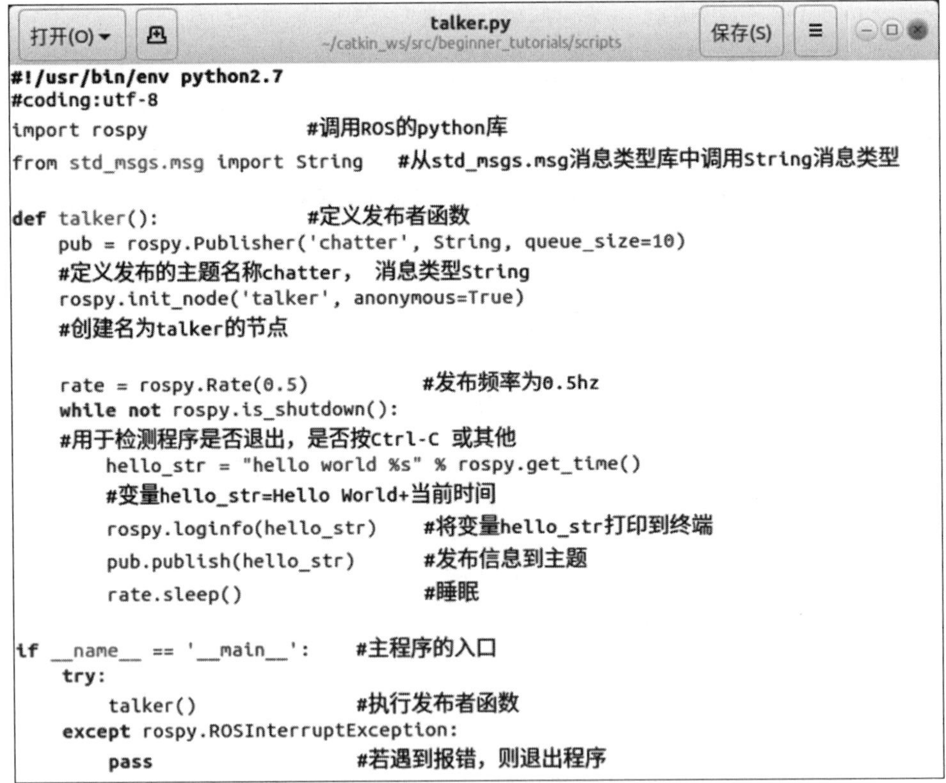

图 5–2–7　talker.py 节点文件

2. 在 talker.py 节点文件路径的终端中输入以下命令，为 talker.py 文件添加执行权限，如图 5–2–8 所示。

```
$ chmod +x talker.py
```

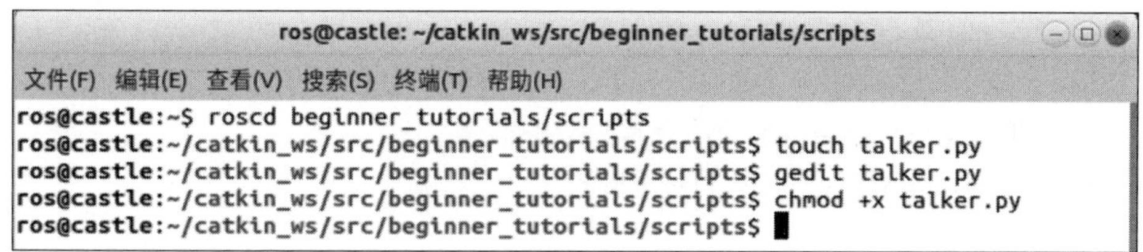

图 5-2-8　添加执行权限

三、创建 listener.py 节点程序

1. 新建一个终端，输入以下命令，在上述路径中创建 listener.py 文件并使用文本编辑器打开，如图 5-2-9 所示。

```
$ roscd beginner_tutorials/scripts
$ touch listener.py
$ gedit listener.py
```

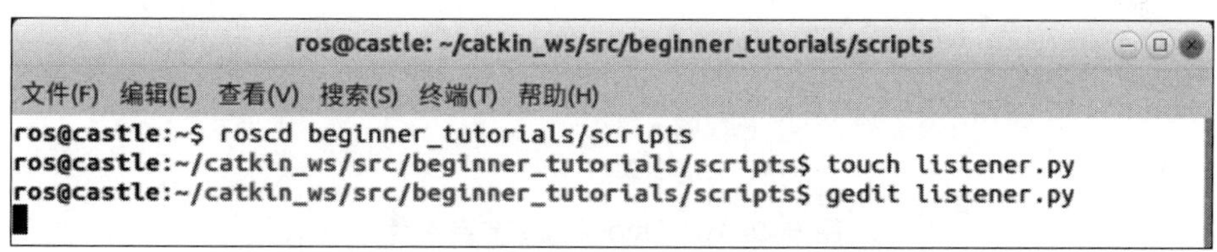

图 5-2-9　创建 listener.py 文件并使用文本编辑器打开

2. 将以下代码写入 listener.py 文件并保存，如图 5-2-10 所示。

```
#!/usr/bin/env python2.7  # 调用系统环境变量里的 Python2.7
#coding:utf-8  # 此源程序由 utf-8 编码
import rospy    # 调用 ROS 的 Python 库
from std_msgs.msg import String
# 从 std_msgs.msg 消息类型库中调用 String 消息类型

def callback(data):  # 定义回调函数
    rospy.loginfo("I heard %s", data.data)# 打印订阅信息

def listener( ):    # 定义订阅者函数

    rospy.init_node('listener', anonymous=True)
    # 创建一个节点，名称为 listener
    rospy.Subscriber("chatter", String, callback)
    # 订阅 chatter 话题，当订阅成功之后执行回调函数

```

```
    rospy.spin()    # 保持节点运行，直到节点关闭

if __name__ == '__main__': # 主程序的入口
    listener()          # 执行订阅者函数
```

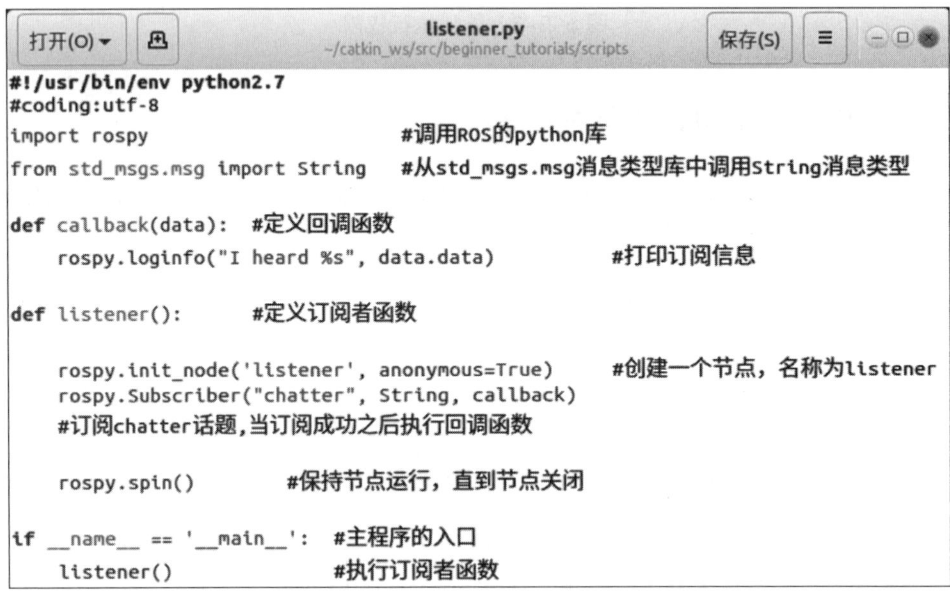

图 5-2-10　listener.py 节点文件

3. 在 listener.py 节点文件路径的终端中输入以下命令，为 listener.py 文件添加执行权限，如图 5-2-11 所示。

```
$ chmod +x listener.py
```

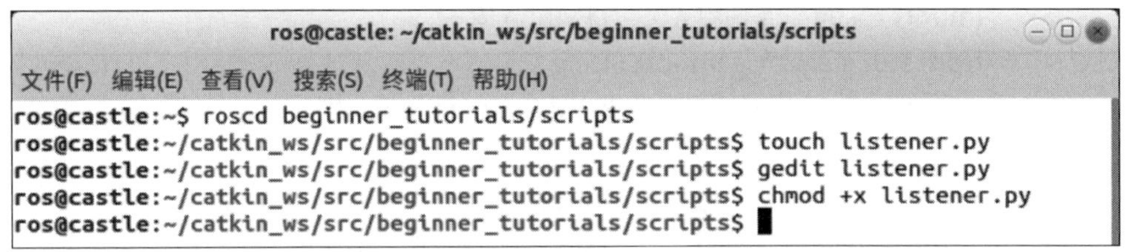

图 5-2-11　添加执行权限

四、测试节点话题通信

1. 新建一个终端，输入以下命令，打开节点管理器。

```
$ roscore
```

2. 打开新终端，输入以下命令，启动 listener 节点，如图 5-2-12 所示。

```
$ rosrun beginner_tutorials listener.py
```

3. 打开新终端，输入以下命令，启动 talker 节点，如图 5-2-13 所示。

```
$ rosrun beginner_tutorials talker.py
```

```
ros@castle: ~
文件(F) 编辑(E) 查看(V) 搜索(S) 终端(T) 帮助(H)
ros@castle:~$ rosrun beginner_tutorials listener.py
[INFO] [1620268111.897340]: I heard hello world 1620268111.89
[INFO] [1620268113.898824]: I heard hello world 1620268113.9
[INFO] [1620268115.899543]: I heard hello world 1620268115.9
[INFO] [1620268117.899565]: I heard hello world 1620268117.9
[INFO] [1620268119.899864]: I heard hello world 1620268119.9
[INFO] [1620268121.900166]: I heard hello world 1620268121.9
[INFO] [1620268123.904019]: I heard hello world 1620268123.9
[INFO] [1620268125.902600]: I heard hello world 1620268125.9
[INFO] [1620268127.897312]: I heard hello world 1620268127.9
[INFO] [1620268129.901918]: I heard hello world 1620268129.9
[INFO] [1620268131.903167]: I heard hello world 1620268131.9
[INFO] [1620268133.903580]: I heard hello world 1620268133.9
[INFO] [1620268135.903835]: I heard hello world 1620268135.9
[INFO] [1620268137.901231]: I heard hello world 1620268137.9
[INFO] [1620268139.906055]: I heard hello world 1620268139.9
[INFO] [1620268141.905809]: I heard hello world 1620268141.9
[INFO] [1620268143.905847]: I heard hello world 1620268143.9
[INFO] [1620268145.899425]: I heard hello world 1620268145.9
[INFO] [1620268147.902439]: I heard hello world 1620268147.9
```

图 5-2-12 运行 listener.py 节点

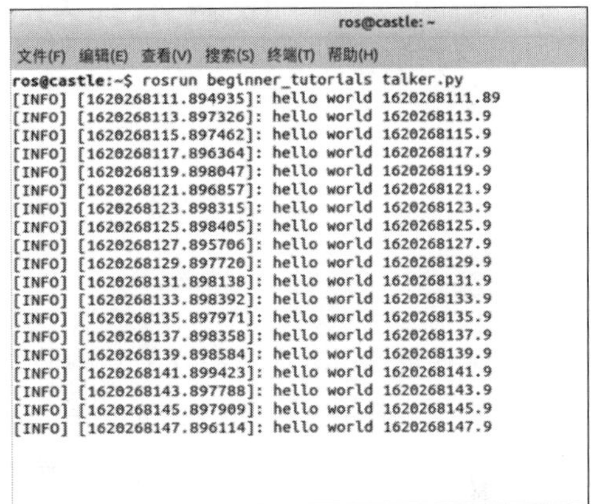

图 5-2-13 运行 talker.py 节点

任务小结

使用节点和话题相关命令行工具，查询运行节点时系统存在的节点和话题及其相关消息，将查询结果记录在表 5-2-1 中。

表 5-2-1 节点与话题及其相关消息

系统的节点和话题	节点相关消息	话题相关消息

课后拓展

尝试在 talker.py 程序中创建两个发布者，向同一个话题中发布消息。

使用话题通信机制控制小海龟移动

任务目标

1. 掌握话题消息类型和数据结构的查看方法
2. 掌握话题消息数据的赋值方法
3. 能使用话题通信机制控制小海龟移动

课前预习

预习本任务的基础知识，回答以下问题：

1. 以小海龟为例，话题“/turtle1/cmd_vel”的消息类型为 ____________________。

2. geometry_msgs/Twist 消息类型包含两个 geometry_msgs/Vector3 类型的变量，一个变量为 ____________，另一个变量为 _____________。

基础知识

一、话题消息类型和数据结构的查看

在编写的节点与其他节点进行话题通信前，需要明确话题的名称以及话题的消息类型。以小海龟为例，小海龟节点订阅“/turtle1/cmd_vel”话题，并根据话题中的速度指令进行移动，可以通过 rostopic info 命令查看该话题的具体消息，命令如下（执行命令前需要启动 turtlesim_node 节点）：

```
$ rostopic info /turtle1/cmd_vel
```

运行后可以得到以下消息：

```
Type: geometry_msgs/Twist
Publishers: None
Subscribers:
```

```
* /turtlesim (http://ubuntu:35923/)
```

由以上信息可知，话题“/turtle1/cmd_vel”的消息类型为 geometry_msgs/Twist，使用 rosmsg show 命令可以查看这个消息的具体数据结构，具体命令如下：

```
$ rosmsg show geometry_msgs/Twist
```

运行后可以得到以下消息：

```
geometry_msgs/Vector3 linear
  float64 x
  float64 y
  float64 z
geometry_msgs/Vector3 angular
  float64 x
  float64 y
  float64 z
```

geometry_msgs/Twist 消息类型包含两个 geometry_msgs/Vector3 类型的变量：一个是 linear（线速度），另一个是 angular（角速度）。每个变量都包含三个 float64 类型的变量，分别是 x、y 和 z，表示在 X、Y 和 Z 轴上的线速度以及围绕 X、Y 和 Z 轴旋转的角速度大小。

二、话题消息数据的赋值

geometry_msgs/Twist 是 ROS 提供的常用消息类型之一，可通过在 Python 中使用 from geometry_msgs.msg import Twist 代码来调用。创建话题发布者时，可以使用该消息类型来指定发布的消息格式，代码如图 5-3-1 所示。

```
from geometry_msgs.msg import Twist
...
self.cmd_vel = rospy.Publisher('/turtle1/cmd_vel',Twist,queue_size=10)
```

调用geometry.msgs/Twist消息类型

填写对应的消息类型

图 5-3-1　调用 geometry_msgs/Twist 消息类型并指定发布的消息格式

不同的消息类型具有不同的结构，可以使用 rosmsg show 命令查看消息的数据结构，并据此填写消息终端的数据。图 5-3-2 所示是创建一个 geometry_msgs/Twist 类型的变量并对其赋值的示例，本例中小海龟以 2.0 m/s 的线速度沿 X 轴移动，并以 2.0 rad/s 的角速

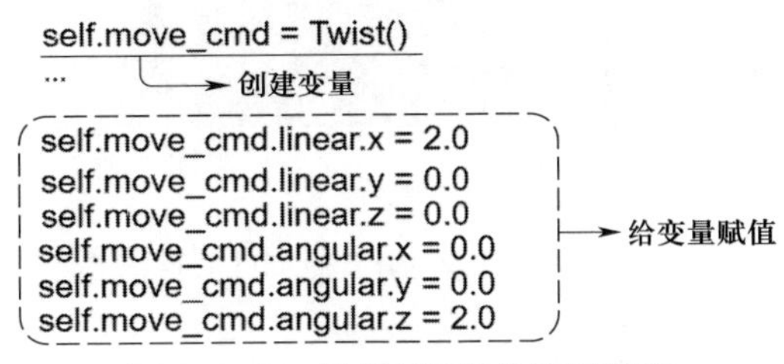

图 5-3-2　创建变量并为变量赋值

度绕 Z 轴旋转，在窗口中画圆。

完成 geometry_msgs/Twist 类型的变量赋值后，使用 publish( ) 函数即可将变量的值发布到话题中，控制小海龟移动，代码如图 5–3–3 所示。

```
self.cmd_vel.publish(self.move_cmd)
```

将self.move_cmd的数据发布到话题中

图 5–3–3　将数据发布到话题

任务实施

本任务将先使用命令行工具查看小海龟速度控制话题的消息类型，然后在 beginner_tutorials 功能包中创建 move_turtle.py 节点程序并编写相应的代码，从而控制小海龟做圆周运动。

一、查看话题的消息类型和数据结构

1. 打开两个新终端，分别输入以下命令，启动 ROS 节点管理器和小海龟仿真节点。

```
$ roscore
$ rosrun turtlesim turtlesim_node
```

2. 新建一个终端，输入以下命令，查看该话题的消息类型，如图 5–3–4 所示。

```
$ rostopic info /turtle1/cmd_vel
```

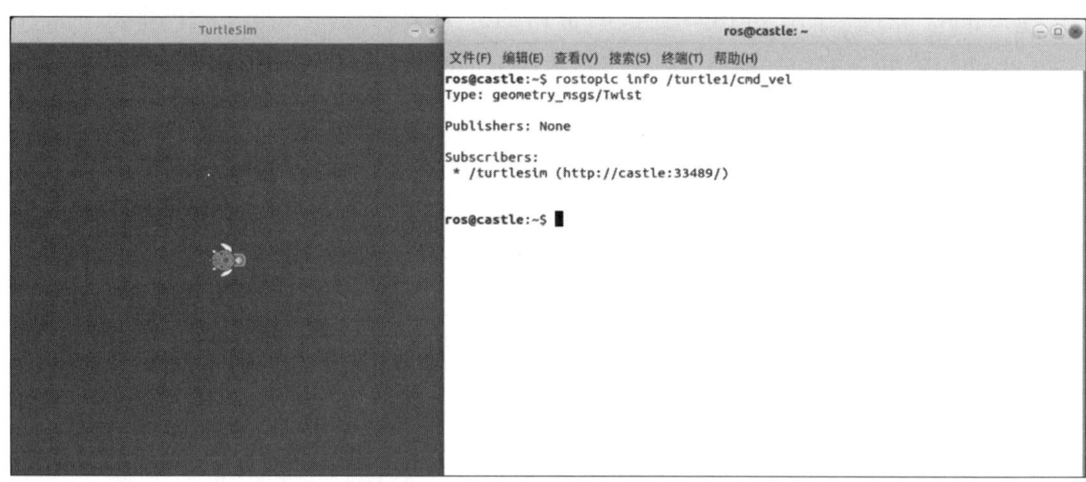

图 5–3–4　查看话题消息类型

3. 新建一个终端，输入以下指令，查看 geometry_msgs/Twist 类型的数据结构，如图 5–3–5 所示。

$ rosmsg show geometry_msgs/Twist

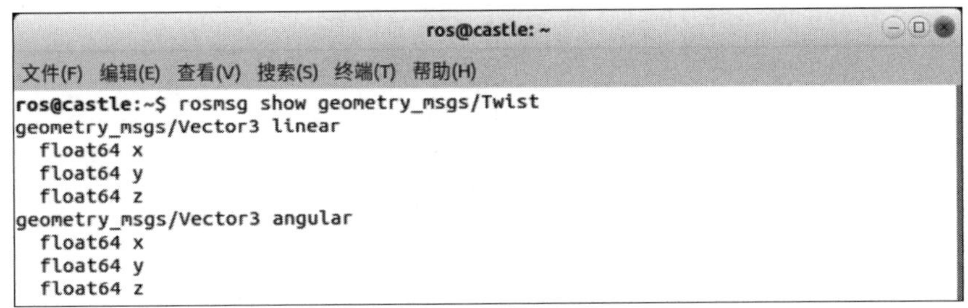

图 5-3-5　查看数据结构

二、创建节点程序

1. 新建一个终端窗口，依次输入以下命令，创建并打开 move_turtle.py 程序文件，如图 5-3-6 所示。

```
$ roscd beginner_tutorials/scripts
$ touch move_turtle.py
$ gedit move_turtle.py
```

```
ros@castle: ~/catkin_ws/src/beginner_tutorials/scripts
文件(F) 编辑(E) 查看(V) 搜索(S) 终端(T) 帮助(H)
ros@castle:~$ roscd beginner_tutorials/scripts
ros@castle:~/catkin_ws/src/beginner_tutorials/scripts$ touch move_turtle.py
ros@castle:~/catkin_ws/src/beginner_tutorials/scripts$ gedit move_turtle.py
```

图 5-3-6　创建并打开 move_turtle.py 程序文件

2. 将以下代码写入 move_turtle.py 程序文件中，保存该文件，如图 5-3-7 所示。

```
#!/usr/bin/env python2.7  # 调用系统环境变量里的 Python2.7
#-*- coding:utf-8 -*-     # 此源程序由 utf-8 编码

import rospy              # 调用 ROS 的 Python 库
from geometry_msgs.msg import Twist
# 从 geometry_msgs.msg 消息类型库中调用 Twist 消息类型

def moveTurtle():
    rospy.init_node('moveTurtle',anonymous=True)
    # 创建名为 moveTurtle 的节点
    rate=rospy.Rate(10)  # 发布频率为 10Hz
    cmd_vel=rospy.Publisher('/turtle1/cmd_vel',Twist,queue_size=10)
    # 创建一个发布者 cmd_vel，话题名是 /turtle1/cmd_vel，消息类型是 Twist

    move_vel=Twist()     # 定义消息类型的具体数据
```

```
    move_vel.linear.x=2.0    #x 方向的线速度为 2m/s
    move_vel.linear.y=0    #y 方向的线速度为 0
    move_vel.linear.z=0    #z 方向的线速度为 0
    move_vel.angular.x=0    #x 方向的角速度为 0
    move_vel.angular.y=0    #y 方向的角速度为 0
    move_vel.angular.z=2.0    #z 方向的角速度为 2rad/s

    while not rospy.is_shutdown():  # 当程序没有关闭时
      cmd_vel.publish(move_vel)  # 发布者发布 move_vel 的数据
      rate.sleep()          # 睡眠使话题发布频率为 10Hz

if_name_=='_main_':
    try:
      moveTurtle()
    except rospy.ROSInterruptException:
      pass
```

```
打开(O) ▾    move_turtle.py  ~/catkin_ws/src/beginner_tutorials/scripts    保存(S)
#!/usr/bin/env python2.7
#-*- coding:utf-8 -*-

import rospy                    #调用ROS的python库
from geometry_msgs.msg import Twist
#从geometry_msgs.msg消息类型库中调用Twist消息类型

def moveTurtle():
    rospy.init_node('moveTurtle', anonymous=True)    #创建名为moveTurtle的节点
    rate = rospy.Rate(10)                            #发布频率为10Hz
    cmd_vel = rospy.Publisher('/turtle1/cmd_vel',Twist,queue_size=10)
    #创建一个发布者cmd_vel，话题名是/turtle1/cmd_vel，消息类型是Twist
    move_vel = Twist()            #定义消息类型的具体数据
    move_vel.linear.x = 2.0       #x方向的线速度为2m/s
    move_vel.linear.y = 0         #y方向的线速度为0
    move_vel.linear.z = 0         #z方向的线速度为0
    move_vel.angular.x = 0        #x方向的角速度为0
    move_vel.angular.y = 0        #y方向的角速度为0
    move_vel.angular.z = 2.0      #z方向的角速度为2rad/s

    while not rospy.is_shutdown():      #当程序没有关闭时
        cmd_vel.publish(move_vel)    #发布者发布move_vel的数据
        rate.sleep()                 #睡眠使话题发布频率为10Hz

if __name__ == '__main__':
    try:
        moveTurtle()
    except rospy.ROSInterruptException:
        pass

Python ▾   制表符宽度：8 ▾   第29行，第13列 ▾   插入
```

图 5–3–7 move_turtle.py 程序

3. 在终端中继续输入以下命令，为 move_turtle.py 程序文件添加执行权限，如图 5–3–8 所示。

```
$ chmod +x move_turtle.py
```

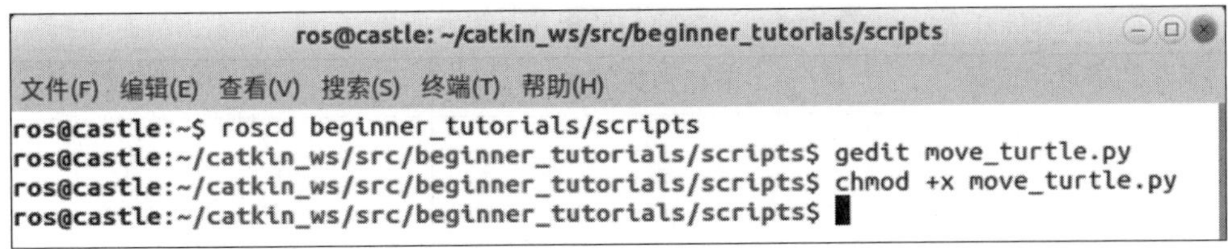

图 5–3–8　添加执行权限

三、测试程序

1. 新建一个终端，输入以下命令，启动节点管理器。

```
$ roscore
```

2. 新建一个终端，输入以下命令，启动小海龟仿真节点。

```
$ rosrun turtlesim turtlesim_node
```

3. 新建一个终端，输入以下命令，启动 move_turtle.py 程序，运行结果如图 5–3–9 所示。

```
$ rosrun beginner_tutorials move_turtle.py
```

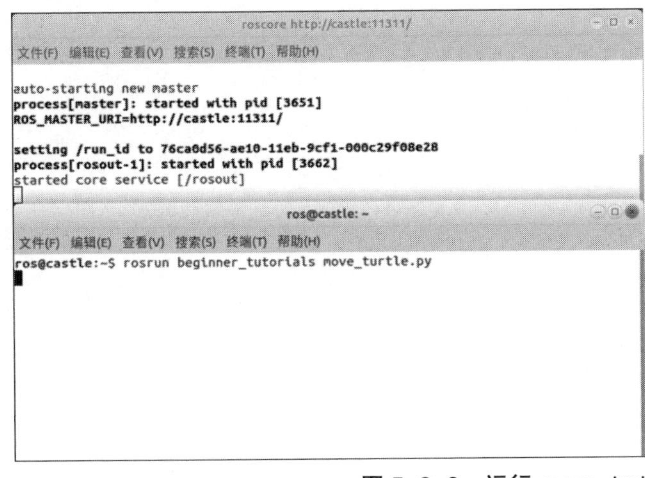

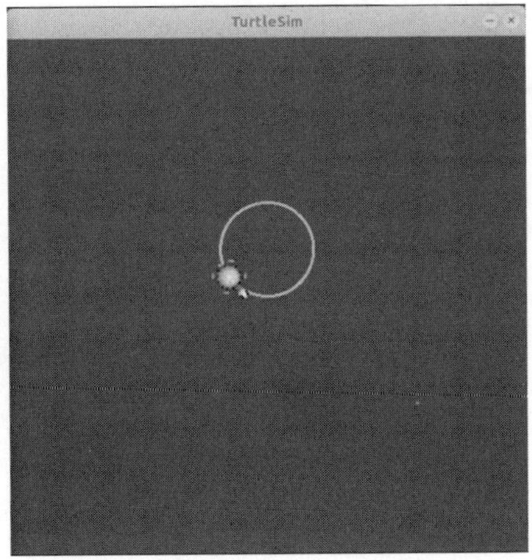

图 5–3–9　运行 move_turtle.py 程序

任务小结

使用节点和话题相关命令行工具，查询运行节点时系统存在的节点和话题及其相关消息，将查询结果记录在表 5-3-1 中。

表 5-3-1　节点与话题及其相关消息

系统的节点和话题	节点相关消息	话题相关消息

课后拓展

尝试编写节点程序，令小海龟的运动轨迹为方形。

项目六

服务通信机制的实现

服务通信机制是 ROS 中一种重要的通信方式。与话题通信机制不同的是，发送方在使用服务通信时可以接收到接收方的响应消息。本项目将学习服务通信机制的基本原理、特点及其实现方法。通过本项目的学习，应能全面理解服务通信机制，掌握自定义服务数据的创建和编译方法，并能使用服务通信机制实现节点通信。

学习目标

- ✧ 掌握服务通信机制的原理、特点和使用方法
- ✧ 掌握自定义服务数据的创建和编译方法
- ✧ 能使用服务通信机制实现节点通信

项目任务

- ✧ 任务一　服务通信机制基础概述
- ✧ 任务二　创建并编译自定义服务数据
- ✧ 任务三　使用服务通信机制实现节点通信

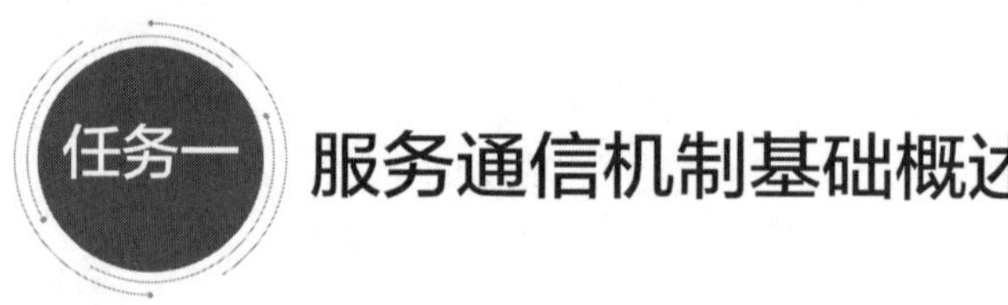

任务一 服务通信机制基础概述

任务目标

1. 掌握服务通信机制的原理和特点
2. 了解服务数据的类型
3. 了解服务通信机制在机器人系统中的应用

课前预习

预习本任务的基础知识，回答以下问题：

1. 服务通信机制采用请求—响应模型，其中一个节点充当服务的提供者，称为________________，而另一个节点则充当服务的请求者，称为________________。

2. 在服务通信机制中，服务服务器接收到请求消息后进行处理，并生成相应的____________。

3. 相比于话题通信机制，服务通信机制更适用于需要明确______和______的场景。

基础知识

一、服务通信机制的原理和特点

服务通信机制采用请求—响应模型，其中一个节点充当服务的提供者，称为服务服务器，而另一个节点则充当服务的请求者，称为服务客户端。服务服务器负责接收和处理来自服务客户端的请求消息。它执行特定的任务或提供特定的功能，并根据收到的请求消息生成相应的响应消息，以回应服务客户端的需求。服务客户端向服务服务器发送请求消息，并等待服务服务器的响应消息，以获取特定的服务或执行特定的操作。它通过发送请求与服务服务器进行交互，并根据收到的响应消息做出相应的处理，以满足自己的需求。

一般来说，服务通信的流程包括以下步骤：服务服务器启动并等待服务客户端的请求；服务客户端发送请求消息到指定的服务服务器；服务服务器接收到请求消息后进行处理并生成相应的响应消息；服务服务器将响应消息发送给服务客户端；服务客户端接收并处理服务服务器的响应消息。

与话题通信机制不同，服务通信机制是一种同步通信方式。服务客户端发送请求消息后会等待服务服务器的响应，这种请求和响应是一对一的关系。服务客户端可以等待响应，也可以设置超时时间来处理无响应的情况。

在程序中使用服务通信机制可以得知节点发出的数据是否被目标节点接收到，从而保证一些复杂的任务能够正确进行。通常情况下，话题通信机制中的消息侧重于状态信息（位姿、传感器数据、速度等），而服务通信机制中的消息侧重于操作（设定参数、设定模式、创建、清除等）。

二、服务数据的类型

在 ROS 中使用服务通信机制时，需要定义特定的服务数据类型。服务数据类型定义了服务请求消息和服务响应消息的结构和内容：服务请求消息是由服务客户端发送给服务服务器的消息，它描述了服务客户端希望服务服务器执行的特定任务或提供的服务；服务响应消息是服务服务器对服务请求消息的回应，它包含了服务服务器执行任务后产生的结果或提供的服务。服务请求消息和服务响应消息的结构和内容均应根据具体的应用场景而定，可以包含不同的字段和数据类型。

在 ROS 中，可以使用服务描述文件（后缀为“.srv”）来自定义服务数据，服务描述文件通常放置在功能包的 srv 文件夹中。服务数据由请求和响应两个数据域组成，请求和响应可以包含不同数量的字段，并且可以指定不同的数据类型，这些字段之间用“---”进行分隔，如图 6-1-1 所示。在图 6-1-1 中，服务请求由两个整数字段“a”和“b”组成，而服务响应由一个整数字段“sum”组成。通过定义服务数据，可以明确规定服务的输入和输出格式，以便在节点间进行准确的请求和响应。

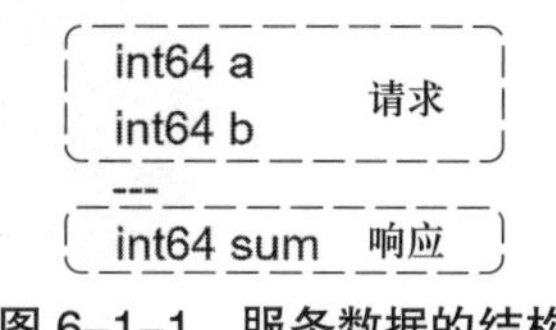

图 6-1-1 服务数据的结构

三、服务通信机制在机器人系统中的应用

服务通信机制在机器人控制、感知数据处理、数据查询与管理、分布式任务协作、系统状态检测与管理等方面都有实际使用场景。以感知数据处理为例，服务服务器可以接收来自服务客户端的感知数据，如图像或激光扫描数据，服务服务器会对接收到的数据进行分析和处理，并生成响应消息以提供处理结果。

相比于话题通信机制，服务通信机制更适用于需要明确请求和响应的场景、需要传递参数和获取结果的操作以及需要数据交互和函数调用的任务。此外，服务通信机制具有同步操作和阻塞等待的能力，能够确保顺序性和依赖关系，更适合需要同步操作和结果等待的场景。

任务小结

谈谈你对服务通信机制的理解，如定义、特点等，记录在表 6–1–1 中。

表 6–1–1　任务小结

课后拓展

试查找资料，总结服务通信机制的优势。

任务二　创建并编译自定义服务数据

任务目标

1. 掌握自定义服务数据的创建方法
2. 掌握自定义服务数据的编译方法
3. 能创建并编译自定义服务数据

课前预习

预习本任务的基础知识，回答以下问题：

1. 服务数据通常会被定义在功能包的__________文件夹中，服务数据文件的后缀为__________。

2. 由于需要在程序中调用自定义的服务数据，所以需要将服务数据的依赖添加到________________中，并将服务数据添加到____________文件中。

基础知识

一、自定义服务数据的创建

在使用服务通信机制之前，应对程序需要的服务数据进行定义。服务数据通常会被定义在功能包的 srv 文件夹中，服务数据文件的后缀为“.srv”，名称可以根据需求确定，服务数据文件如图 6–2–1 所示。

服务数据的请求和响应应与希望实现的程序功能相对应。例如，若客户端节点发送两个整数到服务器端，希望得到这两个整数的累加值，则服务数据中的请求为两个整数，响应为一个整数。将以下内容添加到服务数据文件中并保存，即可完成服务数据的创建。

图 6–2–1　服务数据文件

```
int64 a
int64 b
---
int64 sum
```

服务数据文件通过定义请求消息和响应消息的结构、数据类型和字段，确保响应能够按照预期进行。

二、自定义服务数据的编译

由于需要在程序中调用自定义的服务数据，所以需要将服务数据的依赖添加到功能包清单中，并将服务数据添加到编译选项文件中。

打开功能包中的 package.xml 文件，添加以下两行内容：

```
<build_export_depend>message_generation</build_export_depend>    # 服务数据生成器
<exec_depend>message_runtime</exec_depend>
```

打开功能包中的 CMakeLists.txt 文件，添加以下内容：

```
find_package(catkin REQUIRED COMPONENTS
roscpp
rospy
std_msgs
message_generation          # 添加服务数据生成器功能包
)
add_service_files(
FILES
SumInt.srv                  # 添加服务文件
)
generate_messages(          # 服务数据生成器需要的库
DEPENDENCIES
std_msgs                    # 标准消息库
)
```

添加完成后，编译功能包时系统将自动根据创建的服务数据文件生成对应的头文件（包含代码声明的文件，用于在源代码文件中引入函数、类、变量等声明。头文件通常以“.h”或“.hpp”为扩展名，并通过 #include 指令在源代码中引入），这些文件存放在工作空间的 devel/include 目录下，如图 6–2–2 所示。

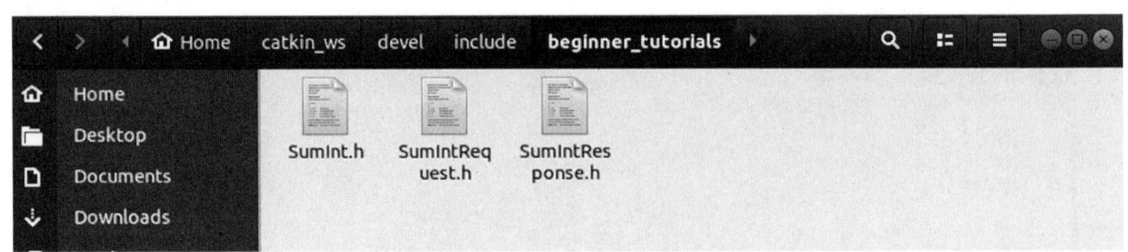

图 6–2–2 系统生成的头文件

任务实施

本任务将先创建自定义服务数据，再修改 package.xml 文件和 CMakeLists.txt 文件数据类型，最后使用命令行工具查看服务数据是否创建成功。

一、自定义服务数据

1. 新建一个终端，输入以下命令，进入 beginner_tutorials 功能包，创建 srv 文件夹，如图 6–2–3 所示。

```
$ roscd beginner_tutorials
$ mkdir srv
$ cd srv
```

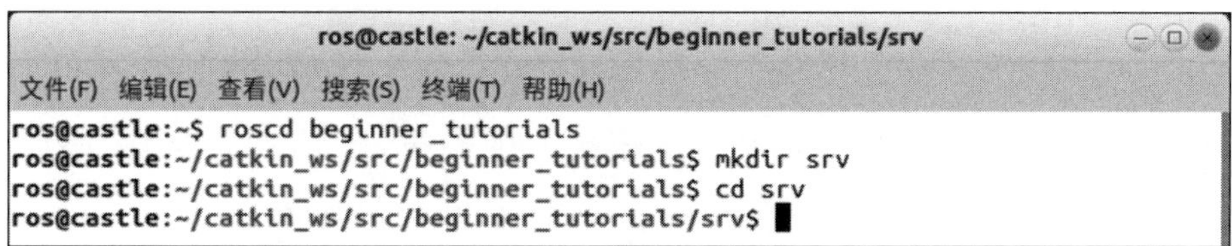

图 6–2–3　创建 srv 文件夹

2. 在终端中继续输入以下命令，在 srv 文件夹中创建并打开 SumInt.srv 文件，如图 6–2–4 所示。

```
$ gedit SumInt.srv
```

```
ros@castle: ~/catkin_ws/src/beginner_tutorials/srv
文件(F) 编辑(E) 查看(V) 搜索(S) 终端(T) 帮助(H)
ros@castle:~$ roscd beginner_tutorials
ros@castle:~/catkin_ws/src/beginner_tutorials$ mkdir srv
ros@castle:~/catkin_ws/src/beginner_tutorials$ cd srv
ros@castle:~/catkin_ws/src/beginner_tutorials/srv$ gedit SumInt.srv
```

图 6–2–4　创建并打开 SumInt.srv 文件

3. 将以下代码添加到打开的 SumInt.srv 文件中，如图 6–2–5 所示，保存并关闭 SumInt.srv 文件。

```
int64 a
int64 b
---
int64 sum
```

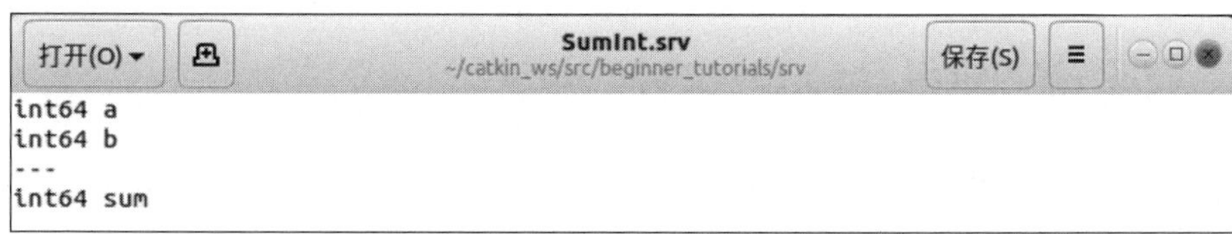

图 6–2–5　添加代码到 SumInt.srv 文件

二、修改 package.xml 文件

1. 新建一个终端，输入以下命令，打开功能包清单文件，如图 6–2–6 所示。

```
$ roscd beginner_tutorials
$ gedit package.xml
```

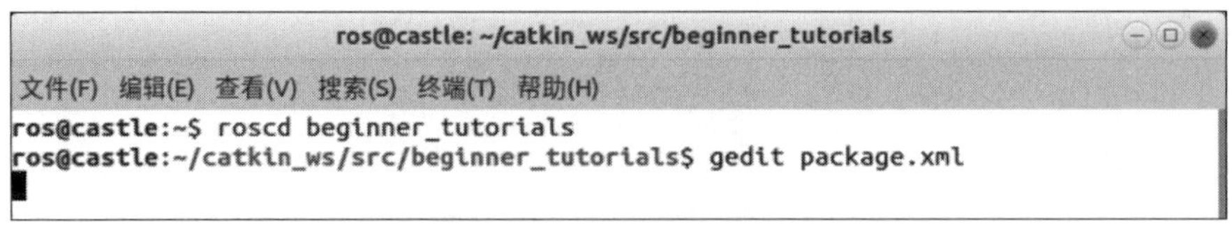

图 6-2-6　打开功能包清单文件

2. 在 package.xml 文件中添加消息的依赖（在 <export> 标签上方），添加以下命令，保存并退出即可，修改后的功能包清单文件如图 6-2-7 所示。

```
<build_export_depend>message_generation</build_export_depend>
<exec_depend>message_runtime</exec_depend>
```

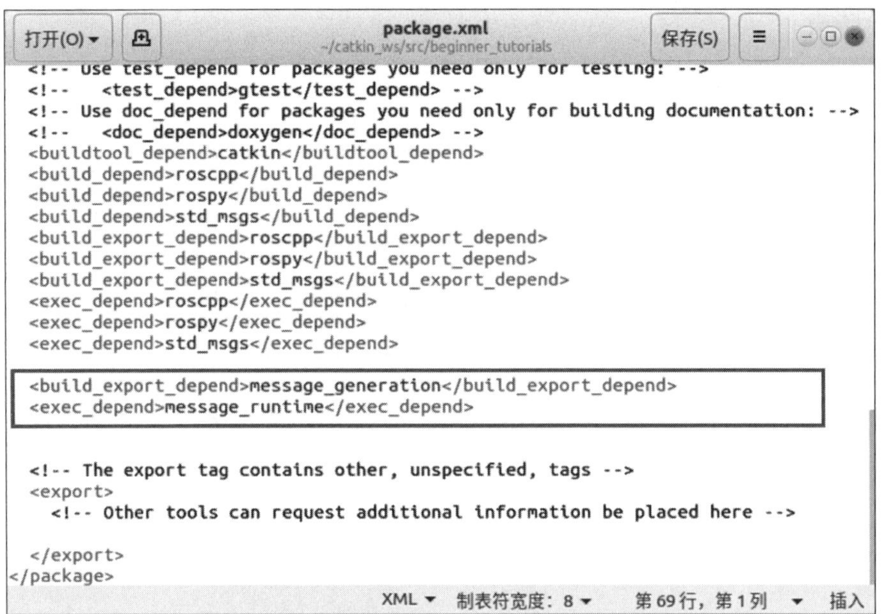

图 6-2-7　修改完成的功能包清单文件

三、修改 CMakeLists.txt 文件

1. 在同一功能包路径的终端中输入以下命令，打开 CMakeLists.txt 文件，如图 6-2-8 所示。

```
$ gedit CMakeLists.txt
```

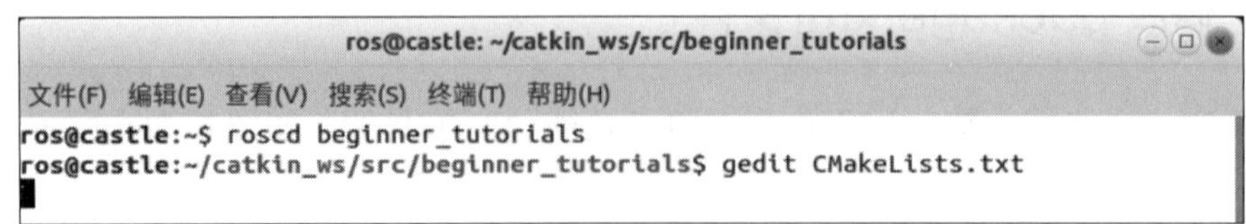

图 6-2-8　打开 CMakeLists.txt 文件

2. 在 CMakeLists.txt 文件中添加“message_generation”内容，添加完毕后如图 6-2-9 所示。

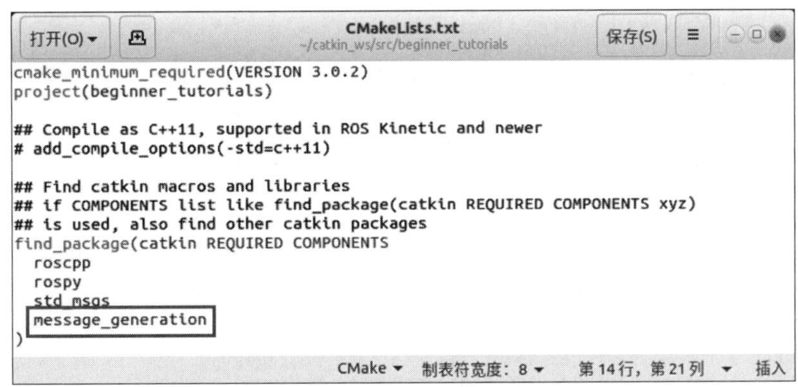

图 6-2-9　添加“message_generation”内容

3. 在 CMakeLists.txt 文件中继续添加服务器路径及其类型。其中部分语句是已有的，但被注释了。在 CMakeLists.txt 文件中找到相应的语句，删去注释符号“#”并做相应修改即可。共有两处语句需要修改，第一处是“add_service_files”，删除该语句的注释符号并将其服务器文件名称修改为“SumInt.srv”即可。第二处为“generate_messages”，删除其注释符号即可。CMakeLists.txt 文件修改完成后如图 6-2-10 所示，保存并关闭该文件即可。

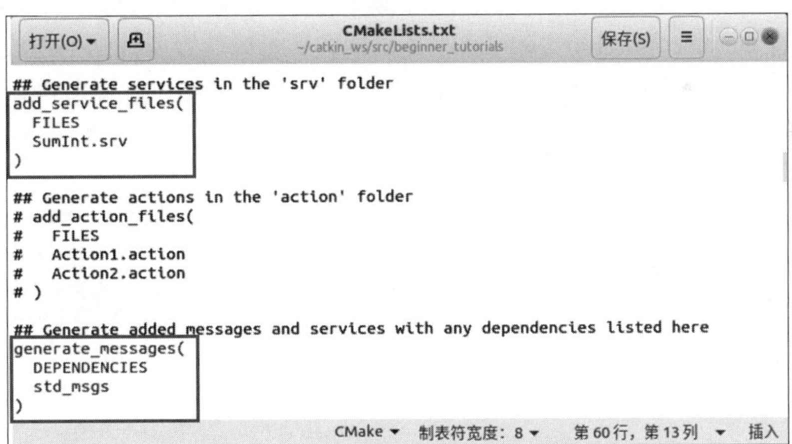

图 6-2-10　添加服务器路径及其类型

四、查看服务数据

1. 新建一个终端，输入以下命令，编译功能包，编译成功的结果如图 6-2-11 所示。

```
$ cd catkin_ws
$ catkin_make
```

图 6-2-11　工作空间编译成功

2. 在终端中输入以下命令，使编译后环境生效。

```
$ source ~/.bashrc
```

3. 查看服务数据是否创建成功。使用 rossrv show 命令可查看指定类型的服务数据，如果可以查看 beginner_tutorials/SumInt 服务数据，即可确认服务数据创建成功。新建一个终端，在终端中输入以下命令，若得到图 6-2-12 所示的结果，即可确认服务数据创建成功。

```
$ rossrv show beginner_tutorials/SumInt
```

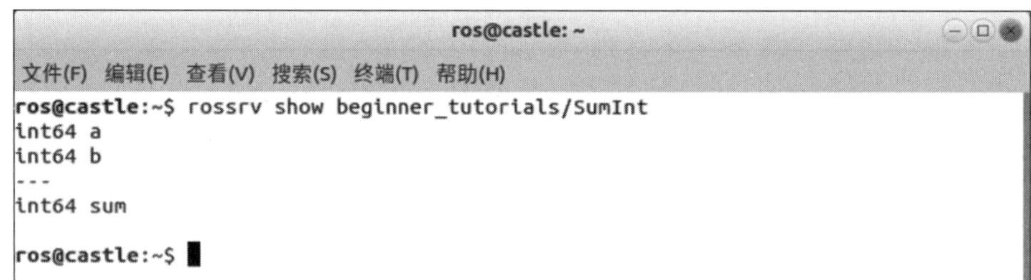

图 6-2-12　查看服务数据

任务小结

完成任务实施的内容后，总结创建并编译自定义服务数据的步骤，解析每一步的作用，将其填写到表 6-2-1 中。

表 6-2-1　任务小结

课后拓展

试设计服务数据，使其能够用于交换两个浮点数的数值。

任务三　使用服务通信机制实现节点通信

任务目标

1. 掌握服务器节点程序相关函数
2. 掌握客户端节点程序相关函数
3. 能使用服务通信机制实现节点通信

课前预习

预习本任务的基础知识，回答以下问题：

1. 创建服务器的函数是____________，服务器有三个主要参数，分别是________、____________、__________。

2. 为了确保所需服务已注册且可用，可以使用____________________函数等待指定的服务。

基础知识

一、服务器节点程序

若要在程序中使用曾定义过的服务数据，需要在程序的开头添加代码，用于从头文件中导入服务数据类型，代码如图 6–3–1 所示。

```
from beginner_tutorials.srv import SumInts,SumIntsResponse
```

功能包名称.srv　服务数据　响应

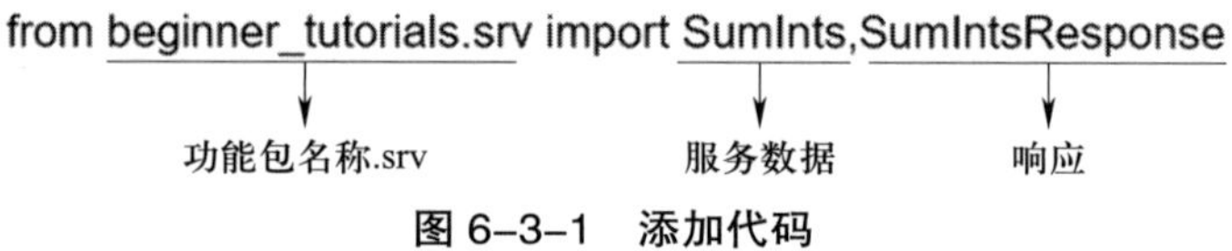

图 6–3–1　添加代码

rospy.Service( ) 函数用于创建服务器，服务器有三个主要参数：服务名称、服务数据类型以及处理函数。例如，创建一个服务名称为“sum_ints”、服务数据类型为“SumInts”、处理函数为“handle_sum_ints”的服务器，代码如图 6–3–2 所示。

```
s = rospy.Service('sum_ints', SumInts, handle_sum_ints)
```

服务名称　服务数据类型　处理函数

图 6–3–2　创建服务器

服务通信机制中的处理函数与话题通信机制中订阅者的回调函数的作用相似，当接收到数据时会自动执行并处理数据。另外，处理函数的返回值就是发送给客户端的响应消息，需要按照服务数据定义的类型填写变量。例如，编写一个用于计算从一个数累加到另一个数的处理函数，如图 6–3–3 所示。

```
def handle_sum_ints(req):
    sum = 0
    if req.a < req.b:
        for i in range(req.a,req.b+1):
            sum = sum + i
        return SumIntsResponse(sum)  → 响应信息
    else:print("输入的数据错误")
```

图 6–3–3　处理函数

二、客户端节点程序

由于客户端也需要使用服务数据，因此要在程序的开头导入新建的服务类型，代码如图 6–3–4 所示。

```
from beginner_tutorials.srv import *
```

功能包名称.srv　*代表导入所有

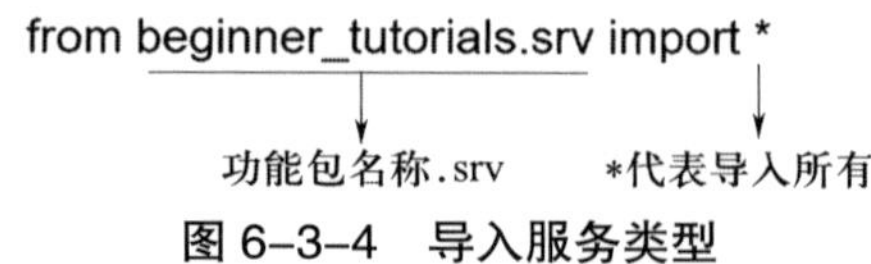

图 6–3–4　导入服务类型

当编写客户端节点程序时，只需等待并连接服务器即可开始工作，无须创建独立的 ROS 节点。为了确保所需服务已注册且可用，可以使用 rospy.wait_for_service() 函数等待指定的服务，该函数会在服务可用之前一直阻塞程序执行。一旦服务注册成功，客户端可以使用 rospy.ServiceProxy() 函数创建一个服务代理，用于向服务器发送消息并接收响应。服务代理提供了一个简洁的接口，使得与服务的通信变得简单而直观。客户端节点程序如图 6–3–5 所示。

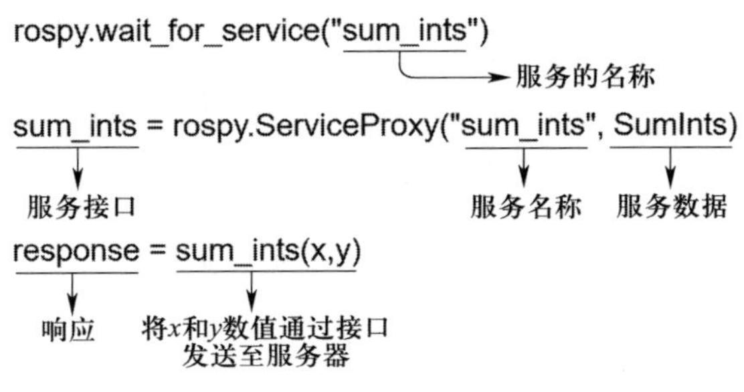

图 6–3–5　客户端节点程序

任务实施

本任务将基于上一任务中创建的 SumInt.srv 文件，进一步创建服务器节点程序和客户端节点程序并编写相应的代码，最终通过服务通信机制得到两个整数的累加结果。

一、创建服务器节点程序

1. 新建一个终端，输入以下命令，进入 beginner_tutorials 功能包的 scripts 目录，创建一个服务器节点程序文件并打开，如图 6–3–6 所示。

```
$ roscd beginner_tutorials/scripts
$ gedit server.py
```

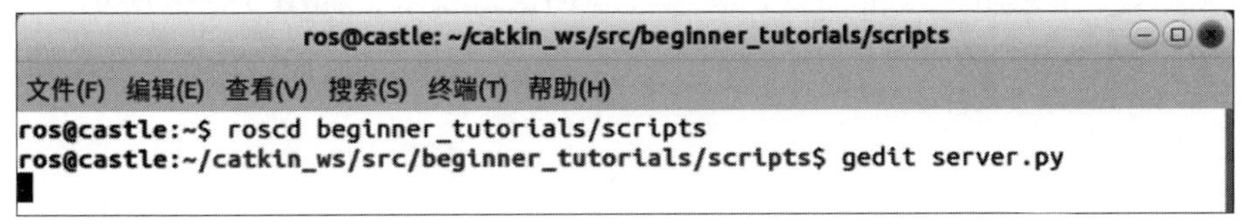

图 6–3–6　创建服务器节点程序文件并打开

2. 在 server.py 文件中输入以下代码，编写服务器节点程序，如图 6–3–7 所示，保存并关闭该文件。

```
#!/usr/bin/env python2.7    # 调用系统环境变量里的 Python2.7
#coding:utf-8               # 此源程序由 utf-8 编码

from beginner_tutorials.srv import SumInt,SumIntResponse
# 从 beginner_tutorials.srv 服务类型库中调用服务类型
import rospy                # 调用 ROS 的 Python 库

def handle_sum_ints(req):   # 定义处理请求函数
    sum = 0                 # 定义 sum，并赋予初值为 0
    if req.a < req.b:       # 若 a 小于 b
        for i in range(req.a,req.b+1):      # 从 a 遍历到 b
            sum = sum + i
            #sum = a+(a+1)+(a+2)+ …… +b
        return SumIntResponse(sum)          # 响应 sum 结果信息
    else:print(" 数字 2 需大于数字 1")
    # 若 a 大于或等于 b，则打印“数字 2 需大于数字 1”提示语

def sumint():               # 定义服务器函数
    rospy.init_node('sumint_server')
    # 创建名为 sumint_server 的节点
    s = rospy.Service('sum_ints', SumInt, handle_sum_ints)
    # 创建服务，名称为 sum_ints，服务类型为 SumInt，处理请求函数为 handle_sum_ints
    print(" 服务器已启动，等待请求 ")
    # 服务器启动后，在终端打印“服务器已启动，等待请求”
    rospy.spin()            # 阻塞程序，等待服务消息

if __name__ == "__main__":  # 主程序的入口
    sumint()                # 执行服务器函数
```

3. 在终端中继续输入以下命令，为文件添加执行权限，如图 6-3-8 所示。

```
$ chmod +x server.py
```

server.py
~/catkin_ws/src/beginner_tutorials/scripts

```
#!/usr/bin/env python2.7
#coding:utf-8

from beginner_tutorials.srv import SumInt,SumIntResponse
#从beginner_tutorials.srv服务类型库中调用服务类型
import rospy                        #调用ROS的python库

def handle_sum_ints(req):           #定义处理请求函数
    sum = 0                         #定义sum，并赋予初值为0
    if req.a < req.b:               #若a小于b
        for i in range(req.a,req.b+1):       #从a遍历到b
            sum = sum + i
            #sum = a+(a+1)+(a+2)+ …… +b
        return SumIntResponse(sum)          #响应sum结果信息
    else:print("数字2需大于数字1")
    #若a大于或等于b，则打印"数字2需大于数字1"提示语

def sumint():                               #定义服务器函数
    rospy.init_node('sumint_server')
    #创建名为sumint_server的节点
    s = rospy.Service('sum_ints', SumInt, handle_sum_ints)
    #创建服务，名称为sum_ints，服务类型为SumInt，处理请求函数为handle_sum_ints
    print("服务器已启动，等待请求")
    #服务器启动后，在终端打印"服务器已启动，等待请求"
    rospy.spin()                            #阻塞程序，等待服务消息

if __name__ == "__main__":                  #主程序的入口
    sumint()                                #执行服务器函数
```

Python ▾　制表符宽度：8 ▾　第 29 行，第 1 列 ▾　插入

图 6–3–7　编写服务器节点程序

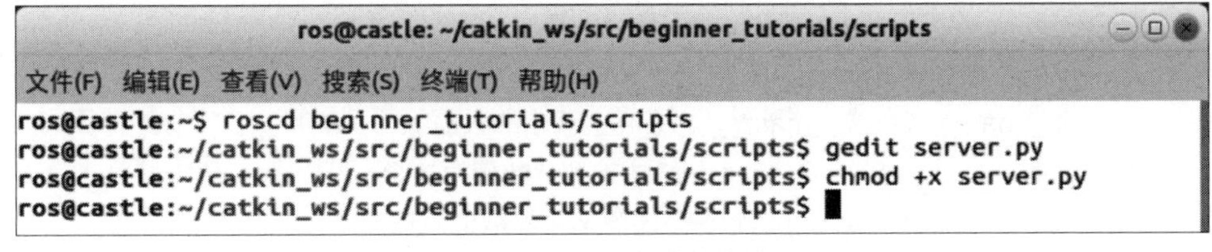

```
ros@castle:~$ roscd beginner_tutorials/scripts
ros@castle:~/catkin_ws/src/beginner_tutorials/scripts$ gedit server.py
ros@castle:~/catkin_ws/src/beginner_tutorials/scripts$ chmod +x server.py
ros@castle:~/catkin_ws/src/beginner_tutorials/scripts$ 
```

图 6–3–8　添加执行权限

二、创建客户端节点程序

1. 新建一个终端，输入以下命令，进入 beginner_tutorials 功能包的 scripts 目录，创建一个客户端节点程序文件并打开，如图 6–3–9 所示。

```
$ roscd beginner_tutorials/scripts
$ gedit client.py
```

```
ros@castle: ~/catkin_ws/src/beginner_tutorials/scripts
文件(F) 编辑(E) 查看(V) 搜索(S) 终端(T) 帮助(H)
ros@castle:~$ roscd beginner_tutorials/scripts
ros@castle:~/catkin_ws/src/beginner_tutorials/scripts$ gedit client.py
```

图 6–3–9　创建客户端节点程序文件并打开

2. 在 client.py 文件中输入以下代码，如图 6–3–10 所示，保存并关闭该文件。

```
#!/usr/bin/env python2.7     # 调用系统环境变量里的 Python2.7
#coding:utf-8                # 此源程序由 utf-8 编码

import sys                   # 调用系统库
import rospy                 # 调用 ROS 的 Python 库
from beginner_tutorials.srv import*
# 从 beginner_tutorials.srv 服务类型库中调用服务类型
def sum_ints_client(x,y):  # 定义客户端函数
   rospy.wait_for_service("sum_ints")
   # 检查服务器 sum_ints 是否已开启
   try:
      sum_ints = rospy.ServiceProxy("sum_ints", SumInt)
      # 创建客户端，服务器接口为 sum_ints，服务类型为 SumInts
      print(" 发送请求中 ")      # 打印 "发送请求中" 到终端
      response = sum_ints(x,y)  # 把数据发送给服务器
      return response.sum      # 把结果返回出来
   except rospy.ServiceException, e:
   # 若系统报错，则把错误赋值给 e
      print ("Service call failed: %s" %e)   # 打印错误

if __name__ == "__main__":     # 主程序的入口
  if len(sys.argv) == 3:     # 若终端输入参数值为 3 个
    x = int(sys.argv[1])   # 将终端第 2 个参数值赋值给 x
    y = int(sys.argv[2])   # 将终端第 3 个参数值赋值给 y
      result = sum_ints_client(x,y)
      # 将从服务器得到的结果赋值给 result
  else:                      # 若终端输入参数值不为 3 个
      sys.exit(1)            # 则退出
  print(" 接收响应，两数值累加结果为 :%s" %result) # 打印结果
```

3. 在终端中继续输入以下命令，为文件添加执行权限，如图 6–3–11 所示。

```
$ chmod +x client.py
```

```
#!/usr/bin/env python2.7
#coding:utf-8

import sys                       #调用系统库
import rospy                     #调用ROS的python库
from beginner_tutorials.srv import *
#从beginner_tutorials.srv服务类型库中调用服务类型

def sum_ints_client(x,y):        #定义客户端函数
    rospy.wait_for_service("sum_ints")      #检查服务器sum_ints是否已开启
    try:
        sum_ints = rospy.ServiceProxy("sum_ints", SumInt)
        #创建客户端，服务器接口为sum_ints，服务类型为SumInt
        print("发送请求中")          #打印"发送请求中"到终端
        response = sum_ints(x,y)    #把数据发送给服务器
        return response.sum         #把结果返回出来
    except rospy.ServiceException, e:     #若系统报错，则把错误赋值给e
        print("Service call failed: %s" %e)    #打印错误

if __name__ == "__main__":         #主程序的入口
    if len(sys.argv) == 3:         #若终端输入参数值为3个
        x = int(sys.argv[1])       #将终端第2个参数值赋值给x
        y = int(sys.argv[2])       #将终端第3个参数值赋值给y
        result = sum_ints_client(x,y)     #将从服务器得到的结果赋值给result
    else:                          #若终端输入参数值不为3个
        sys.exit(1)                #则退出
    print("接收响应，两数值累加结果为: %s" %result) #打印结果
```

图 6–3–10　客户端节点程序

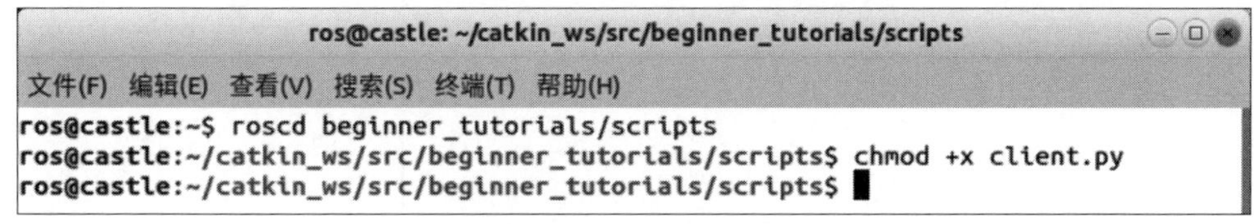

```
ros@castle:~$ roscd beginner_tutorials/scripts
ros@castle:~/catkin_ws/src/beginner_tutorials/scripts$ chmod +x client.py
ros@castle:~/catkin_ws/src/beginner_tutorials/scripts$
```

图 6–3–11　添加执行权限

三、测试节点服务通信

1. 新建一个终端，输入以下命令，启动节点管理器。

```
$ roscore
```

2. 新建一个终端，输入以下命令，启动服务器节点。

```
$ rosrun beginner_tutorials server.py
```

3. 新建一个终端，输入以下命令，启动客户端程序并输入两个整数，服务通信测试结果如图 6–3–12 所示。

```
$ rosrun beginner_tutorials client.py 1 100
```

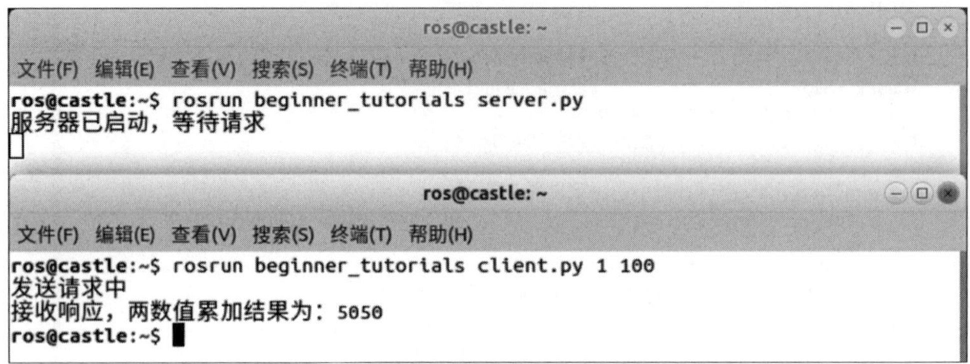

图 6-3-12 服务通信测试结果

任务小结

使用节点和服务相关命令行工具，查询运行节点时系统存在的节点和服务及其相关消息，将查询结果记录在表 6-3-1 中。

表 6-3-1 节点与服务及其相关消息

系统的节点和服务	节点相关消息	服务相关消息

课后拓展

1. 若先启动客户端，再启动服务器，将会是什么效果？
2. 如果启动多个客户端，当一个客户端发送消息时，其他客户端是否会收到消息？

项目七 数据信息可视化的实现

本项目将学习数据信息可视化的实现方法。通过本项目的学习，应能掌握数据可视化的概念和工具，能熟练使用 ROS 中的常用组件，如 RViz 和 TF 坐标变换功能包，实现机器人数据信息的可视化。

学习目标

- ✧ 了解 ROS 数据可视化的概念和工具
- ✧ 能使用 rqt_plot 命令和 RViz 实现数据的可视化
- ✧ 能查看 ROS 进程网络计算图
- ✧ 能使用 TF 坐标变换实现小海龟的跟随运动

项目任务

- ✧ 任务一　初识数据可视化
- ✧ 任务二　实现小海龟速度数据的可视化
- ✧ 任务三　查看 ROS 进程网络计算图
- ✧ 任务四　使用 RViz 实现数据的可视化
- ✧ 任务五　使用 TF 坐标变换实现小海龟跟随运动

任务一 初识数据可视化

任务目标

1. 了解数据可视化的概念
2. 了解数据可视化工具 rqt 和 RViz

课前预习

预习本任务的基础知识，回答以下问题：

1. 若想要查看 ROS 话题中传递的图片消息，可以使用 rqt 工具中的__________插件。

2. 若需要将某一个话题的数据（全部数据或部分数据）进行绘图显示，可以使用 rqt 工具中的__________插件。

3. RViz 中，__________中的一些工具可以用来操纵 3D 视角，如展示机器人模型的关系、调整机器人视角、设置导航目标等。

基础知识

一、数据可视化的概念

数据可视化是将数据转化为图形、图表、图像或其他可视形式的过程，旨在帮助用户更好地理解和分析数据。通过可视化，复杂的数据集可以以直观、易懂的方式展示，可以清楚地显示数据中的模式、趋势和关联关系。数据可视化在各个领域中都有广泛应用，包括科学研究、工程分析、商业智能、市场营销、医疗健康等，它为人们提供了一种强大的工具来探索数据、发现信息和传达见解。

数据可视化的目标是通过图形化手段清晰、有效地传达和交流信息，因此美学形式和功能需要并重，设计和表达需要综合考虑，以确保信息的准确性、可理解性和吸引力，使得观察者能够从中获得有意义的洞察和理解。

二、数据可视化工具

ROS内部有丰富多样的可视化工具，如果考虑ROS用户个人发布的工具，那么ROS的工具数量将变得非常庞大。本任务专注介绍GUI（图形用户界面）开发工具（如rqt）和三维可视化工具（如RViz）。

1. GUI开发工具——rqt

ROS为机器人开发提供了各种GUI工具，包括将每个节点的层次结构显示为图形且显示当前节点和话题状态的rqt_graph、将消息显示为二维图形的rqt_plot等。从ROS Fuerte版本开始，这些GUI开发工具被整合到了一个名为rqt的工具中，它集成了30多种工具，可以作为一个综合的GUI工具来使用。此外，RViz也被集成到rqt的插件中，这使rqt成为ROS的一个不可缺少的GUI工具。

rqt是基于Qt开发的，而Qt是一个广泛应用于计算机编程的跨平台框架，用户可以方便、自由地添加和开发插件。rqt的部分常用插件及其功能见表7–1–1。

表7–1–1　rqt的部分常用插件及其功能

插件	功能
topic monitor	可以监视当前某一话题的传输数据、占用带宽、话题频率等，与rostopic echo命令的功能相似
message publisher	可以自定义名称发布一个话题，并且指定话题发布的消息类型、发布数据以及发布频率
message type brower	可以查看当前所有已经定义的消息类型，包括自定义的msg，与rosmsg show命令的功能相似
robot steering	可以发布cmd_vel话题和Twist话题消息，可以可视化地修改速度、转角变量，用于测试一些控制指令
bag	可以用于录制一个bag文件包，可以指定录制某些话题。也可以打开一个bag文件包，控制bag包中play的播放或暂停，同时可以指定播放前一帧或下一帧
node_graph	可以查看当前运行的所有节点
process monitor	可以查看当前的所有节点，包括节点的PID、占用CPU、占用内存等
launch	可以在可视化界面下选择package和launch文件，可以查看、编辑和执行launch文件
image view	可以查看ROS话题中传递的图片消息，方便观察机器人当前看到的图像

续表

插件	功能
plot	可以将某一个话题的数据（全部数据或部分数据）进行绘图显示，从而更加直观地观察话题消息的变化，方便工作人员进行调试
tf tree	可以显示当前的 tf 树的结构
RViz	可以从 rqt 中打开 RViz 工具，提供统一的图形用户界面

2. 三维可视化工具——RViz

（1）RViz 的功能

RViz 是 ROS 的三维可视化工具，具有以下两个主要功能：

1）外部信息的图形显示：RViz 可以以图形化的方式显示外部信息，如机器人模型、传感器数据、地图等。通过 RViz，用户可以直观地观察和了解机器人的位置和姿态、环境中的物体等，这对于机器人的导航、感知、决策等任务有非常大的帮助。

2）发布控制消息：除了显示外部信息，RViz 还允许用户发布控制消息到 ROS 系统中。通过 RViz 的界面，用户可以发送控制指令，如设置目标位置、设定机器人的运动速度等，从而在 RViz 环境中直接与机器人进行交互，观察其行为和效果。

（2）RViz 的界面

RViz 的界面如图 7-1-1 所示，包括工具栏、项目显示区、3D 视图显示区、观测视角设置区和时间显示区。

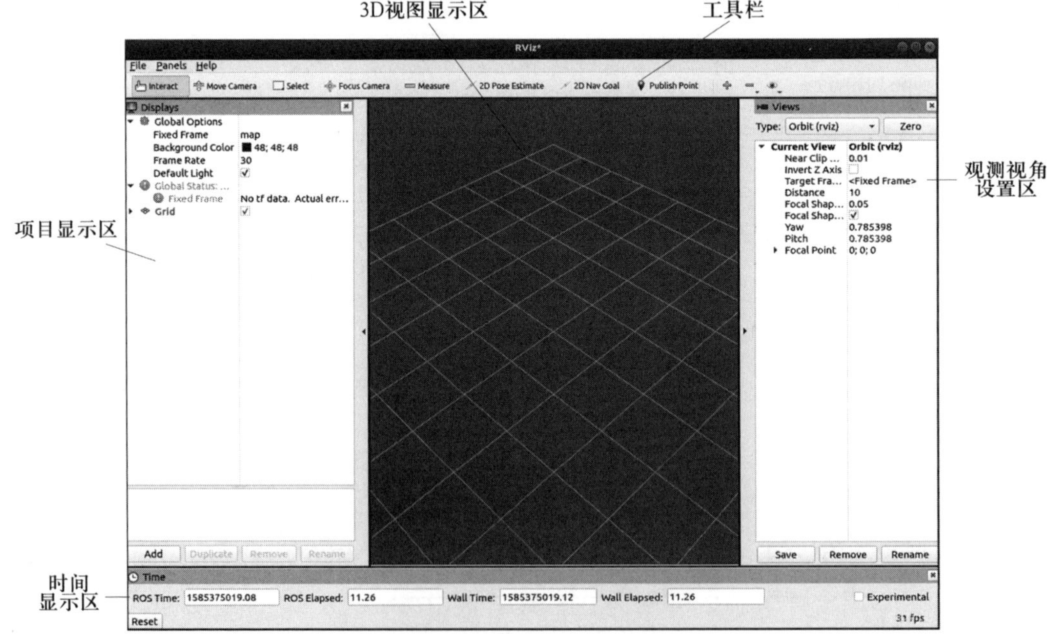

图 7-1-1　RViz 的界面

1）工具栏。RViz 界面的上部为工具栏，包括视角控制、目标设置、地点发布等，还可以添加自定义的插件。工具栏中的一些工具可以用来操纵 3D 视角，如展示机器人模型的关系、调整机器人视角、设置导航目标等。

2）项目显示区。RViz 界面的左侧为项目显示区，显示项目包含一系列的可视化插件及其属性，显示当前选择的插件并能对插件的属性进行设置，这些插件的主要功能是查看 ROS 消息并以可视化的方式显示出来。消息可以是传感器数据，如拍摄的图像、3D 点云等，也可以是机器人模型、变换 tf 等数据。

3）3D 视图显示区。RViz 界面的中间部分为 3D 视图显示区，能够显示外部信息。

4）观测视角设置区。RViz 界面的右侧为观测视角设置区，可以设置不同的观测视角。使用视图面板可以保存不同的 3D 视角，并通过加载保存的设置信息来切换不同的视角。

5）时间显示区。RViz 界面的下部为时间显示区，包括系统时间、ROS 时间等，用户也可以通过这个面板对 RViz 进行初始化设置。

任务小结

谈谈你对数据可视化的理解，记录在表 7-1-2 中。

表 7-1-2　任务小结

课后拓展

试查阅资料，对比 rqt 和 RViz 两种数据可视化工具的区别。

任务二 实现小海龟速度数据的可视化

任务目标

1. 了解 rqt_plot 命令的使用方法
2. 能使用 rqt_plot 命令实现小海龟速度数据的可视化

课前预习

预习本任务的基础知识，回答以下问题：

1. rqt_plot 命令的作用是什么？
2. 打开曲线坐标窗口界面的方法有哪两种？

基础知识

rqt_plot 命令的使用

rqt_plot 命令可以在 ROS 中绘制数据的曲线图，使用户能够更直观地观察和分析数据的变化趋势，从而更好地进行数据处理和决策。例如，当开发过程中需要查看机器人的原始数据时，使用 rqt_plot 命令可以将这些原始数据以曲线的形式绘制出来，更清晰地展现数据的变化情况。

在 ROS 中，可以通过输入 rqt_plot 命令来打开曲线坐标窗口，可以在窗口上方的输入框中添加或删除话题。例如，若想查看速度数据，可以在输入框中设置相应的话题，然后执行机器人的移动操作，就可以自动绘制线速度或角速度的曲线图，从而观察和分析机器人的运动情况，并根据曲线图调整和优化机器人的行为。图 7-2-1 所示为曲线坐标窗口界面。

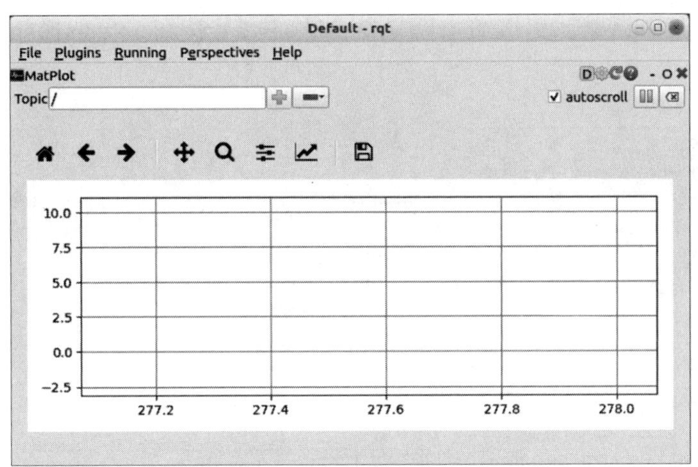

图 7–2–1 曲线坐标窗口界面

打开曲线坐标窗口界面的方法有两种，分别为使用命令行启动和通过 GUI 界面选择。

1. 使用命令行启动，命令如下：

```
$ rqt_plot /[topic_name]
```

例如，输入以下命令，打开小海龟的 /turtle1/pose 的相关界面。

```
$ rqt_plot /turtle1/pose/x /turtle1/pose/y
```

2. 通过 GUI 界面选择，操作步骤如下：

（1）输入以下命令，启动 rqt_plot。

```
$ rqt_plot
```

（2）在 GUI 界面“Topic”右侧文本框中输入话题，然后单击文本框右侧的加号即可完成话题的添加，如图 7–2–2 所示。

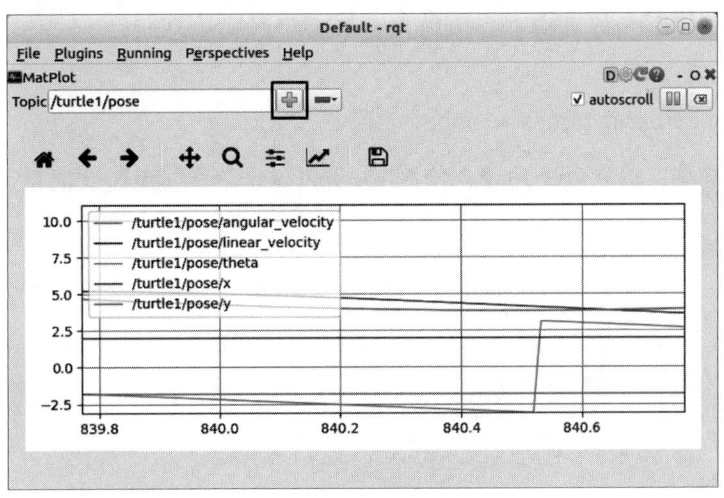

图 7–2–2 添加话题

若不想显示某个话题，可以单击图 7–2–3 中的减号按钮，再选择相应话题以取消显示即可。

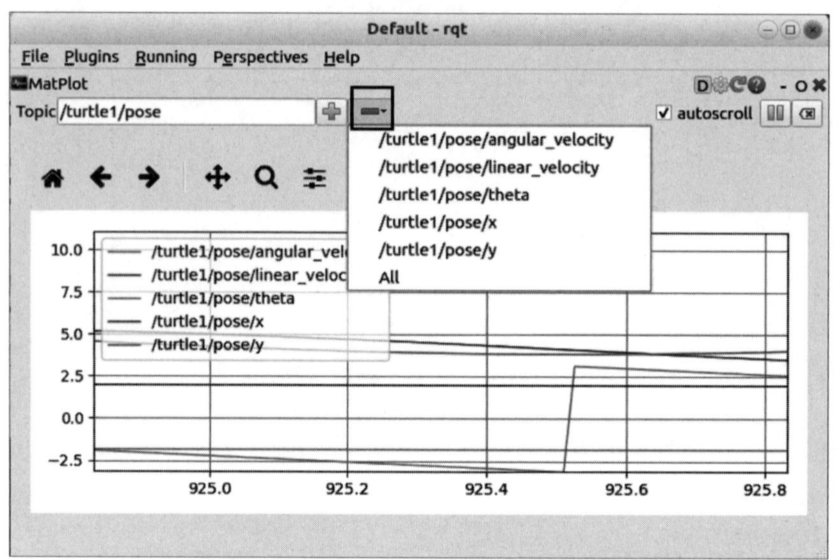

图 7–2–3　取消显示某个话题

任务实施

本任务将先启动小海龟仿真器，发布话题使小海龟做圆周运动，然后使用 rqt_plot 命令实现小海龟速度数据的可视化。

一、启动小海龟仿真器

1. 新建两个终端，分别输入以下命令，启动小海龟仿真器。

```
$ roscore
$ rosrun turtlesim turtlesim_node
```

2. 打开新终端，输入以下命令，使用 rostopic pub 命令发布速度消息，如图 7–2–4 所示。

```
$ rostopic pub -r 1 /turtle1/cmd_vel geometry_msgs/Twist -- '[2.0, 0.0, 0.0]' '[0.0, 0.0, -1.8]'
```

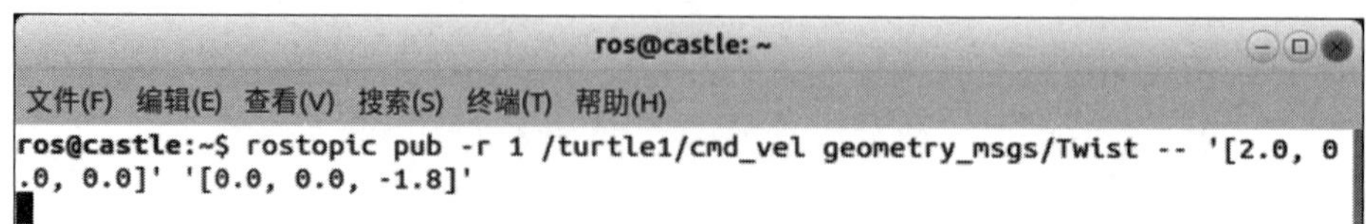

图 7–2–4　发送速度消息

二、用 rqt_plot 命令实现数据可视化

1. 打开新终端，输入以下命令，启动曲线坐标窗口界面。

```
$ rqt_plot
```

2. 在话题处依次添加“/turtle1/pose/x”和“/turtle1/pose/y”，小海龟位姿显示图如图 7-2-5 所示。

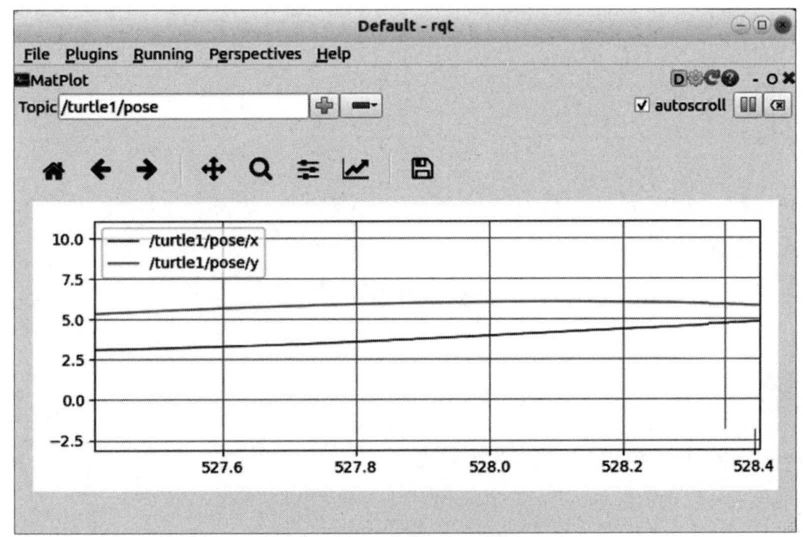

图 7-2-5　小海龟位姿显示图

3. 勾选界面右上角的“autoscroll”复选框，曲线坐标系中会自动绘制并播放曲线动图。

任务小结

完成任务实施的内容后，将获得的位姿显示图和速度显示图记录在表 7-2-1 中。

表 7-2-1　位姿和速度显示图

位姿显示图	
速度显示图	

课后拓展

谈一谈数据可视化的意义。

查看 ROS 进程网络计算图

任务目标

1. 了解计算图的概念与作用
2. 掌握 rqt_graph 命令的作用
3. 能使用 rqt_graph 命令查看小海龟仿真器的计算图

课前预习

预习本任务的基础知识，回答以下问题：

1. rqt_graph 可以用来查看计算图，以下说法错误的是（　　）。

A. 计算图反映了节点之间消息的流向

B. 计算图中的椭圆表示运行中的节点

C. 计算图可以显示所有的 topic、service 和 action

D. 计算图反映了所有运行的节点

2. 计算图中的长方体表示________________。

基础知识

一、计算图的概念与作用

在 ROS 中，计算是通过进程网络来实现的，其中每个进程被称为一个 ROS 节点，这些节点相互连接形成了一个计算图（graph），它描述了节点之间的通信和交互关系。计算图中的重要概念包括节点、节点管理器、参数服务器、消息、话题、服务和消息记录包，如图 7-3-1 所示。其中，椭圆形表示一个运行中的 ROS 节点；矩形表示 ROS 话题，用于在节点之间传递消息，箭头表示消息的流向；长方体表示 TF 变换关系。

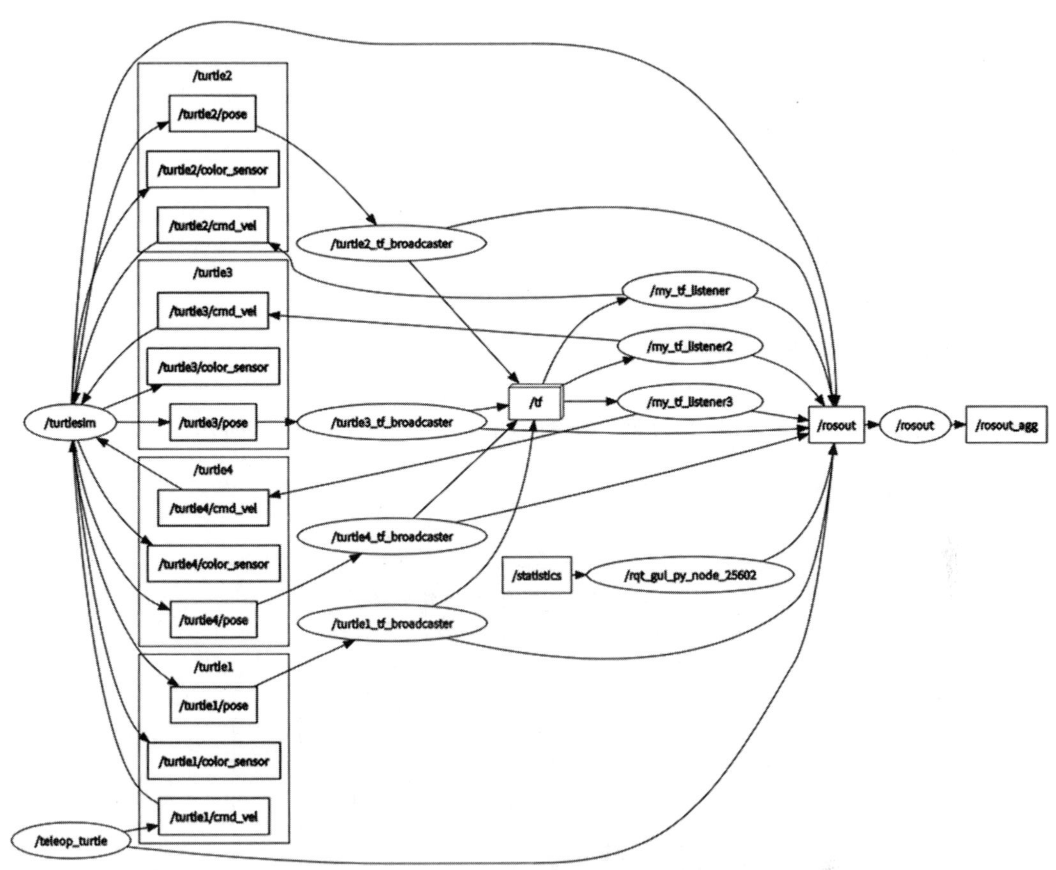

图 7-3-1　计算图实例

二、rqt_graph 命令的作用

在 ROS 系统中，rqt_graph 是 rqt 程序包中的一个重要工具。它以图形化的方式显示整个通信架构，清晰地展示当前正在运行的节点和话题以及消息在系统中的流向。通过使用 rqt_graph 命令可以获得系统的整体情况和信息流动的可视化展示，学习者可以了解消息是如何在不同节点之间进行传递和处理的，从而更好地理解整个系统的运行原理。此外，rqt_graph 还能帮助学习者快速发现和纠正通信方面的问题，提高开发调试的效率。

任务实施

本任务将通过查看小海龟仿真器的计算图，学习 ROS 进程网络计算图的使用方法和意义。

一、启动小海龟仿真器

新建三个终端，分别输入以下命令，启动小海龟仿真节点和键盘控制。

```
$ roscore
$ rosrun turtlesim turtlesim_node
$ rosrun turtlesim turtle_teleop_key
```

二、查看计算图

打开一个新终端，输入以下命令，小海龟的计算图如图 7–3–2 所示。

```
$ rosrun rqt_graph rqt_graph
```

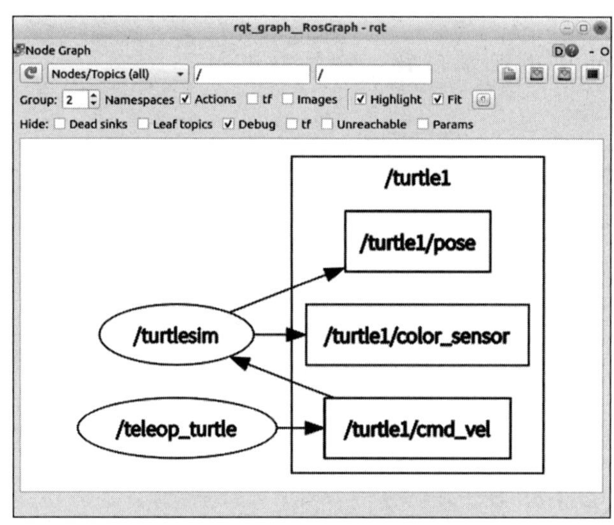

图 7–3–2　小海龟的计算图

图 7–3–2 中有 /teleop_turtle 和 /turtlesim 两个节点，两个节点间通信的话题名称为“/turtle1/cmd_vel”。

三、刷新计算图

1. 新建一个终端，输入以下命令，查看 turtle_teleop_key 节点在 /turtle1/cmd_vel 话题上发布的数据。

```
$ rostopic echo /turtle1/cmd_vel
```

2. 运行此命令后，可能看不到任何数据，因为现在还没有数据发布到该话题上。

接下来选中 turtle_teleop_key 节点运行的终端窗口，通过按方向键使 turtle_teleop_key 节点发布数据。当按向上的方向键时，rostopic echo 的终端显示如图 7–3–3 所示。

图 7–3–3　数据的显示

3. 单击 rqt_graph 中的刷新按钮，刷新后的计算图如图 7–3–4 所示，可以看到 rostopic echo 也订阅了 turtle1/cmd_vel 话题。

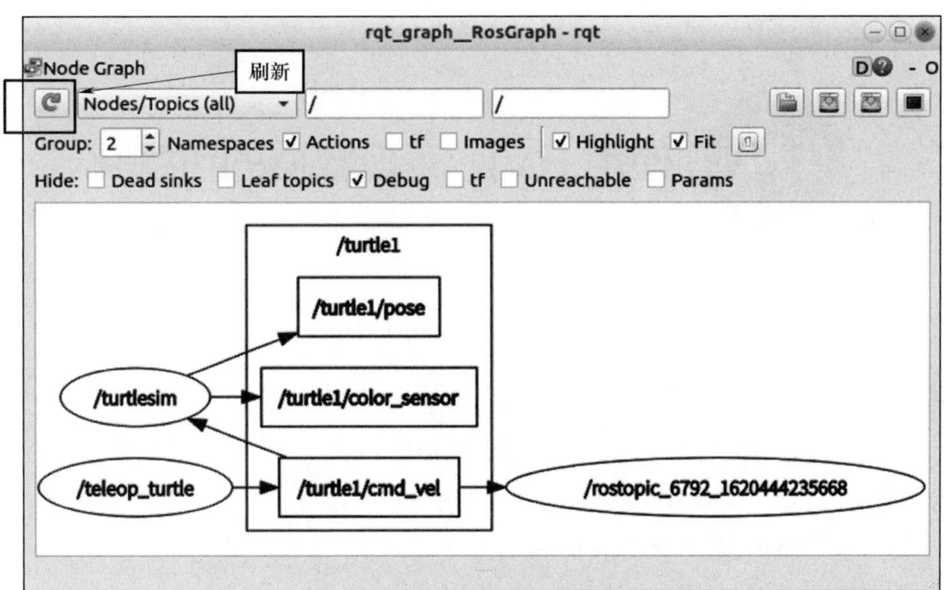

图 7–3–4　刷新后的计算图

任务小结

计算图中每个图形代表不同的意义，将其对应的意义记录在表 7–3–1 中。

表 7-3-1 图形意义记录表

序号	图形	意义

课后拓展

1. rqt_graph 中有很多隐藏选型（图 7-3-4 中未勾选的复选框），查找资料，了解每一个选型及其使用方法。

2. 查找资料，了解计算图中的每个概念向计算图提供数据的方式。

使用 RViz 实现数据的可视化

任务目标

1. 了解 RViz 可视化元素菜单中各项目的功能
2. 掌握 RViz 中可视化元素的添加方法
3. 能使用 RViz 实现数据的可视化

课前预习

预习本任务的基础知识，回答以下问题：

1. [多选题] 以下类型的数据可以由 RViz 图形化显示的是（　　）。

A. 激光　　　　B. 点云

C. 机器人模型　　　　D. 轨迹

2. 以下关于 rosbag 的描述错误的是（　　）。

A. 可以记录和回放服务

B. 可以记录和回放话题

C. 记录的结果是后缀为“.bag”的文件

D. 可以指定记录某一个或多个话题

3. 在 RViz 中添加可视化元素的方法有几种？分别如何操作？

基础知识

一、RViz 可视化元素菜单

使用 RViz 的过程中经常会用到可视化元素菜单，如图 7–4–1 所示，菜单的调用方法是单击显示屏（Displays）菜单下方的“Add”。该菜单用于控制三维视图（3D View）中显示的信息内容，各项目的说明见表 7–4–1。

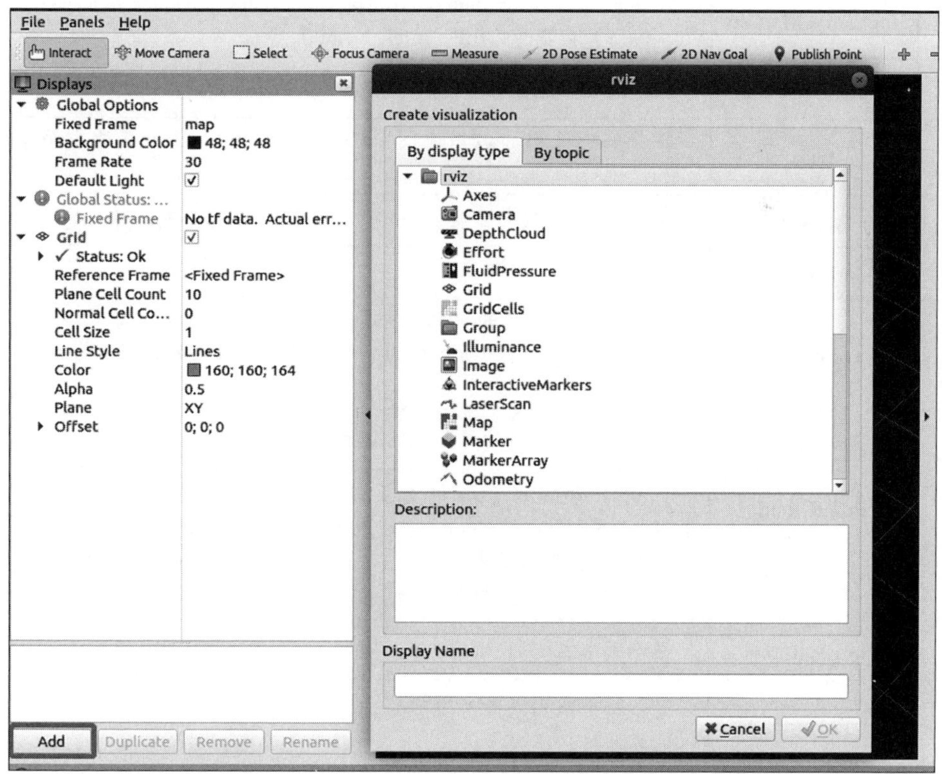

图 7–4–1　可视化元素菜单（部分）

表 7-4-1　可视化元素菜单内容说明

图标	名称	功能
	Axes	显示 *x*、*y*、*z* 轴
	Camera	从相机的角度创建一个新的渲染窗口，并将图像覆盖在窗口上
	DepthCloud	显示基于深度图的点云。将从相机获取的彩色图像覆盖在“点”上面，这里的“点”通常是基于深度图和彩色图话题的传感器（如 Kinect 和 Xtion）的距离值
	Effort	显示施加在机器人的每个旋转关节上的力
	FluidPressure	显示流体的压力，如空气或水
	Grid	显示二维或三维网格
	GridCells	显示网格的每个单元格，主要用于显示导航的 costmap 中的障碍物
	Group	对显示屏进行分组的容器。要使用的显示屏可以作为一个组进行管理
	Illuminance	指示亮度
	Image	在新的渲染窗口中显示图像。与 Camera 显示屏不同，它不覆盖相机
	InteractiveMarkers	显示一个或多个 Interactive Marker servers。可以使用鼠标更改位置（*x*，*y*，*z*）和姿态（roll，pitch，yaw）
	LaserScan	显示激光扫描数据
	Map	将导航中使用的占用地图（occupancy map）显示在地平面（ground plane）上
	Marker	显示 RViz 提供的箭头、圆形、三角形、矩形、圆柱等标志
	MarkerArray	显示多个标记显示屏
	Odometry	将按照时间推移的测位（odometry）信息以箭头的形式显示。例如，将随着机器人的移动而产生的连续路径（机器人的位置和方向）以箭头的形式显示
	Path	显示导航中使用的机器人的路径
	PointCloud	显示点云数据，用于表示 Depth camera 系列的传感器数据，如 RealSense、Kinect、Xtion 等。PointCloud 和 PointCloud2 是有区别的，PointCloud2 遵循最新的 PCL（Point Cloud Library）中的格式，一般情况下使用 PointCloud2 即可
	PointCloud2	
	PointStamped	显示圆形点
	Polygon	显示一个线形式的多边形轮廓。主要用于在二维平面上简单显示机器人的轮廓
	Pose	显示三维姿态（pose，位置 + 方向）。姿态是一个箭头，箭头的起点表示位置（*x*，*y*，*z*），箭头的方向表示机器人的方向（roll，pitch，yaw）
	PoseArray	显示多个姿态

续表

图标	名称	功能
	Range	圆锥喇叭形状，用于可视化超声波或红外传感器的测量范围
	RelativeHumidity	显示相对湿度
	RobotModel	显示机器人模型
	TF	显示 ROS 中使用的坐标转换 TF，与 Axes 同样用 x、y、z 轴表示，各轴根据相对坐标用箭头表示分层结构
	Temperature	显示温度
	WrenchStamped	用箭头（力）和箭头 + 圆形（转矩）表示扭转动作

二、RViz 中可视化元素的添加方法

在 RViz 中添加可视化元素的方法有两种，一种是按显示类型添加，另一种是按话题添加。

1. 按显示类型添加

（1）在显示屏菜单中单击“Add”（见图 7–4–2），弹出“rviz”对话框。

（2）单击“rviz”对话框中的“By display type”选项卡，选择想要的显示类型，如“Map”，选中后单击“OK”，如图 7–4–3 所示。

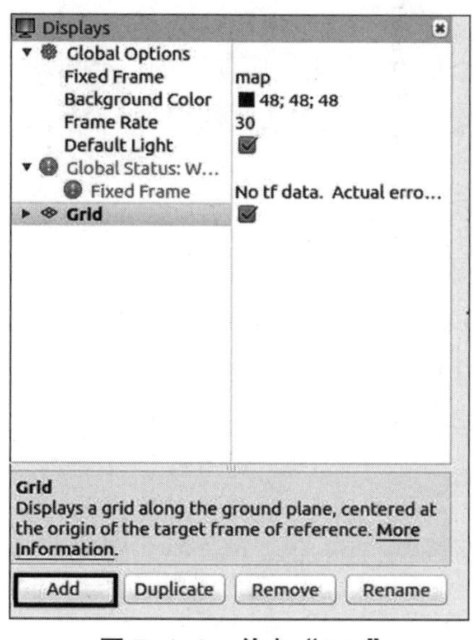

图 7–4–2 单击“Add”

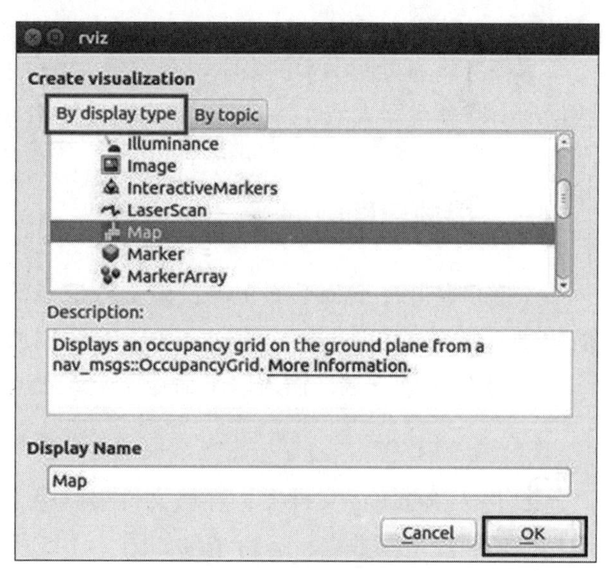

图 7–4–3 按显示类型添加

2. 按话题添加

（1）在显示屏菜单中单击“Add”，弹出“rviz”对话框。

（2）单击对话框中的“By topic”选项卡，即可显示所有的话题选项，选择需要的话题，最后单击“OK”，如图 7-4-4 所示。

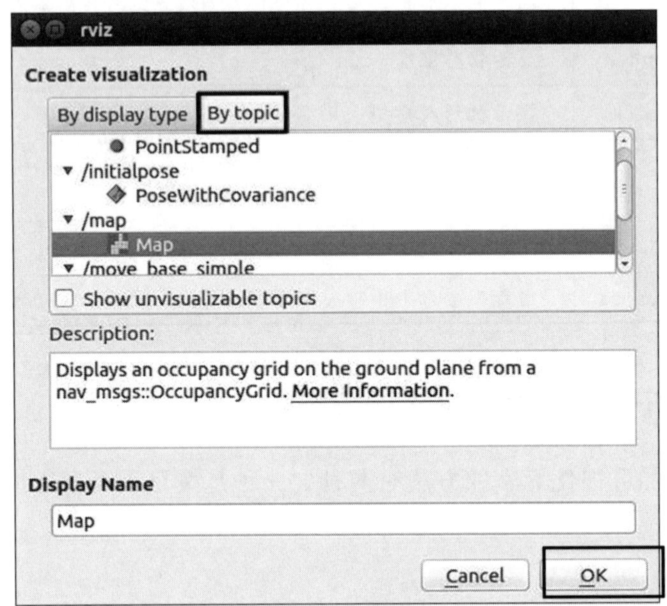

图 7-4-4　按话题添加

任务实施

本任务将通过四个实例来学习和熟悉 RViz 的使用方法。四个实例所使用的数据均由服务机器人 HG Castle-X 实测，并使用 rosbag 记录传感器的话题数据。

一、播放建图数据

本实例使用了 map.bag 文件，该文件记录的是 HG Castle-X 机器人使用激光雷达扫描构建地图的过程及结果，使用 rosbag 命令回放并使用 RViz 显示数据的方法如下：

1. 新建一个终端，输入以下命令，启动节点管理器。

```
$ roscore
```

2. 进入 ROSbag 文件夹，在该文件夹路径下打开新终端，输入以下命令，用 rosbag 工具循环回放地图数据，运行结果如图 7-4-5 所示。

```
$ rosbag play --loop map.bag
```

3. 新建一个终端，输入以下命令，用 RViz 显示数据情况，如图 7-4-6 所示。

```
$ rviz
```

```
ros@castle: ~/ROSbag
文件(F) 编辑(E) 查看(V) 搜索(S) 终端(T) 帮助(H)
ros@castle:~/ROSbag$ rosbag play --loop map.bag
[ INFO] [1621493780.317789551]: Opening map.bag

Waiting 0.2 seconds after advertising topics... done.

Hit space to toggle paused, or 's' to step.
 [RUNNING]  Bag Time: 1589359361.093481   Duration: 0.000000 / 168.691547
 [RUNNING]  Bag Time: 1589359361.093547   Duration: 0.000066 / 168.691547
 [RUNNING]  Bag Time: 1589359361.194704   Duration: 0.101222 / 168.691547
 [RUNNING]  Bag Time: 1589359361.295007   Duration: 0.201526 / 168.691547
 [RUNNING]  Bag Time: 1589359361.395642   Duration: 0.302161 / 168.691547
 [RUNNING]  Bag Time: 1589359361.496165   Duration: 0.402684 / 168.691547
 [RUNNING]  Bag Time: 1589359361.596969   Duration: 0.503488 / 168.691547
 [RUNNING]  Bag Time: 1589359361.697506   Duration: 0.604025 / 168.691547
 [RUNNING]  Bag Time: 1589359361.797929   Duration: 0.704447 / 168.691547
 [RUNNING]  Bag Time: 1589359361.898287   Duration: 0.804806 / 168.691547
 [RUNNING]  Bag Time: 1589359361.998459   Duration: 0.904978 / 168.691547
```

图 7-4-5 循环回放地图数据

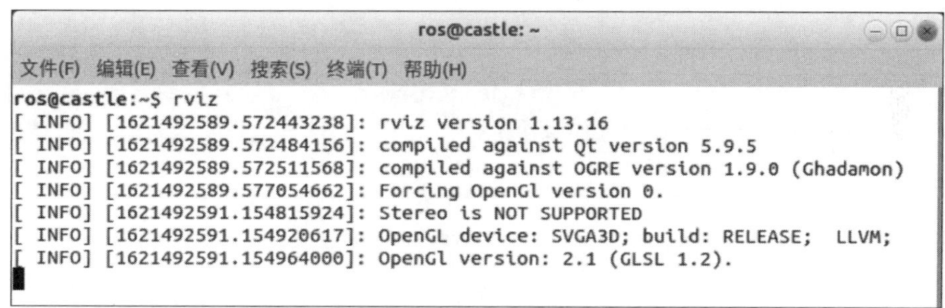

```
ros@castle: ~
文件(F) 编辑(E) 查看(V) 搜索(S) 终端(T) 帮助(H)
ros@castle:~$ rviz
[ INFO] [1621492589.572443238]: rviz version 1.13.16
[ INFO] [1621492589.572484156]: compiled against Qt version 5.9.5
[ INFO] [1621492589.572511568]: compiled against OGRE version 1.9.0 (Ghadamon)
[ INFO] [1621492589.577054662]: Forcing OpenGl version 0.
[ INFO] [1621492591.154815924]: Stereo is NOT SUPPORTED
[ INFO] [1621492591.154920617]: OpenGL device: SVGA3D; build: RELEASE;  LLVM;
[ INFO] [1621492591.154964000]: OpenGl version: 2.1 (GLSL 1.2).
```

图 7-4-6 打开 RViz

4. 在 RViz 中添加“Map”可视化元素。

5. 在“Map”下的“Topic”选项中选择“/map”，即可播放建图数据，如图 7-4-7 所示。

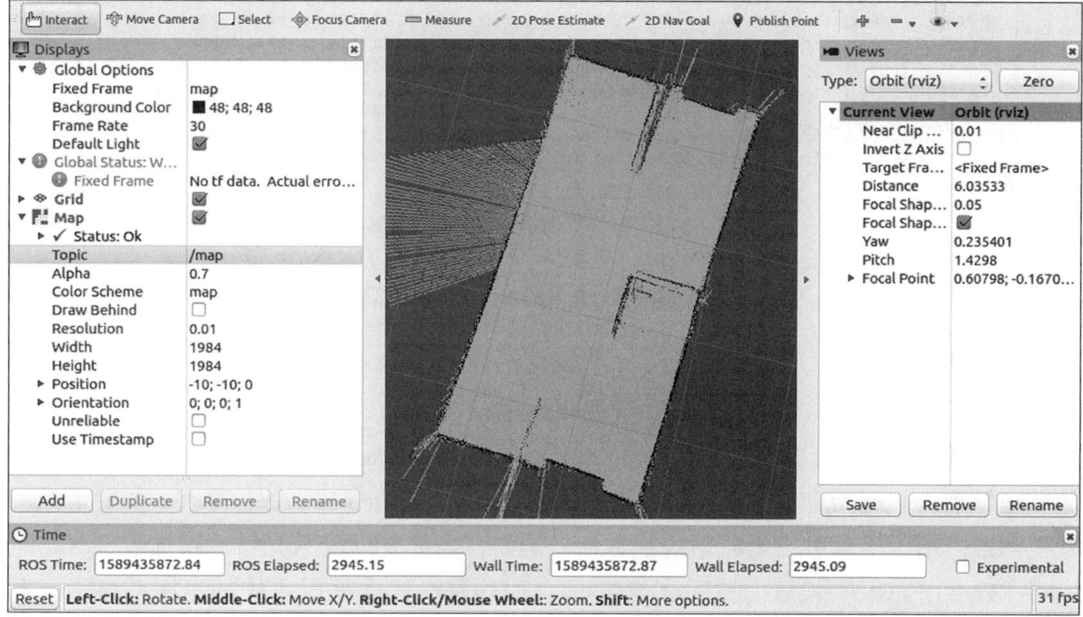

图 7-4-7 播放建图数据

二、播放激光雷达扫描数据

本实例使用了 scan.bag 文件，该文件记录的是 HG Castle-X 机器人使用激光雷达扫描时的扫描值，扫描值指的是激光雷达扫描到障碍物的距离和角度。使用 rosbag 命令回放并使用 RViz 显示数据的方法如下：

1. 新建一个终端，输入以下命令，启动节点管理器。

```
$ roscore
```

2. 进入 ROSbag 文件夹，在该文件夹路径下打开新终端，输入以下命令，用 rosbag 工具循环回放激光雷达扫描数据，运行结果如图 7–4–8 所示。

```
$ rosbag play --loop scan.bag
```

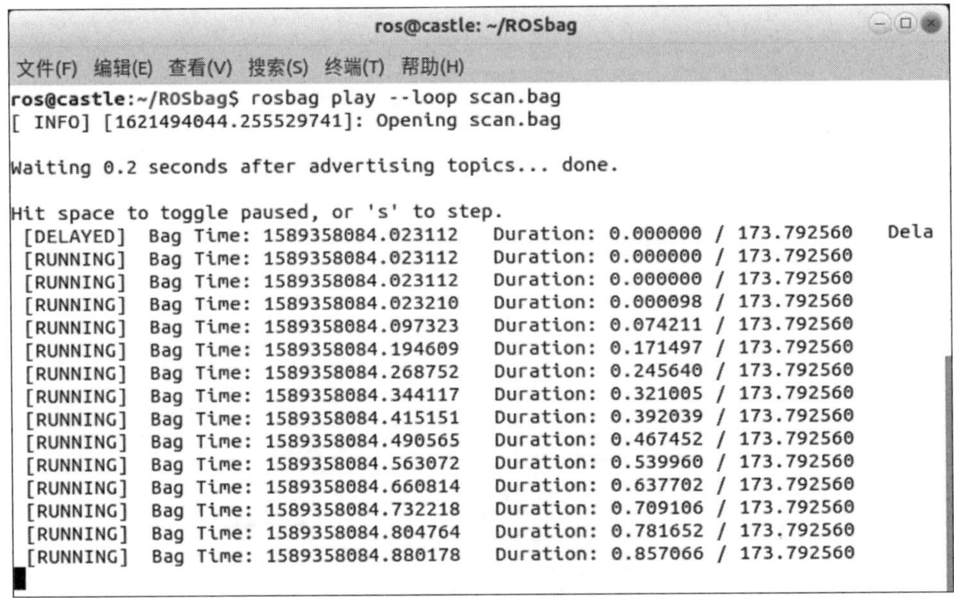

图 7–4–8　循环回放激光雷达扫描数据

3. 新建一个终端，输入以下命令，用 RViz 显示数据情况。

```
$ rviz
```

4. 在 RViz 中添加“LaserScan”可视化元素。

5. 在 RViz 中，可以通过“Global Options”下的“Fixed Frame”设置可视化数据的基准坐标系，它通常默认为“map”或“laser_link”。“Fixed Frame”表示一个固定的参考坐标系，用于显示可视化数据的基本轴。例如，当需要播放激光雷达扫描数据时，可以将“Fixed Frame”设置为“laser_frame”，以确保激光数据以正确的坐标系显示。此外，在“LaserScan”下的“Topic”选项中，应选择激光数据所发布的话题，通常是

“/scan”。通过正确选择话题，RViz 可以接收来自激光雷达传感器的数据，并在可视化界面中以激光扫描的形式显示出来。坐标系和话题的选择如图 7–4–9 所示，3D 视图显示区播放的激光雷达扫描数据如图 7–4–10 所示。

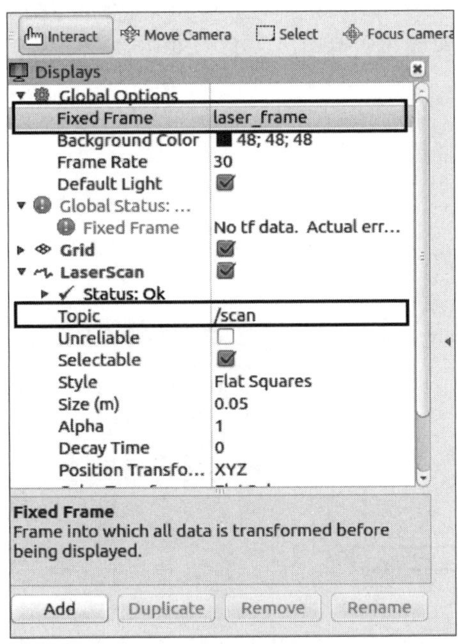

图 7–4–9　坐标系和话题的选择

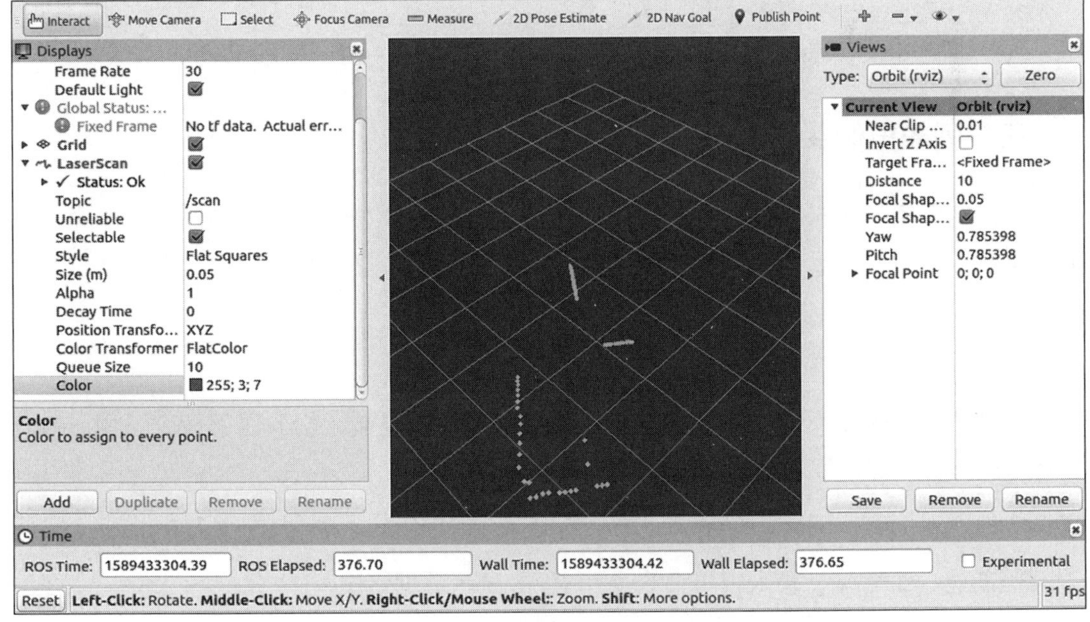

图 7–4–10　播放激光雷达扫描数据

6. 可以对一些参数进行修改，例如，“LaserScan”下的“Size（m）”选项可以更改点云的宽度。若要更改激光雷达点云的颜色，首先应在“LaserScan”的“Color Transformer”下拉菜单中选择“FlatColor”，这将使激光点云显示为单色，若要自定义颜色，单击“Color”右侧的图标（见图 7-4-11），弹出颜色编辑器（见图 7-4-12），在颜色编辑器中选择所需的颜色并单击“OK”即可。

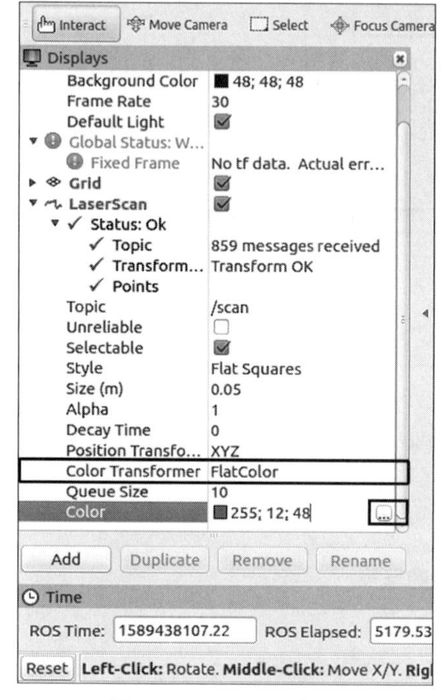

图 7-4-11　更改颜色

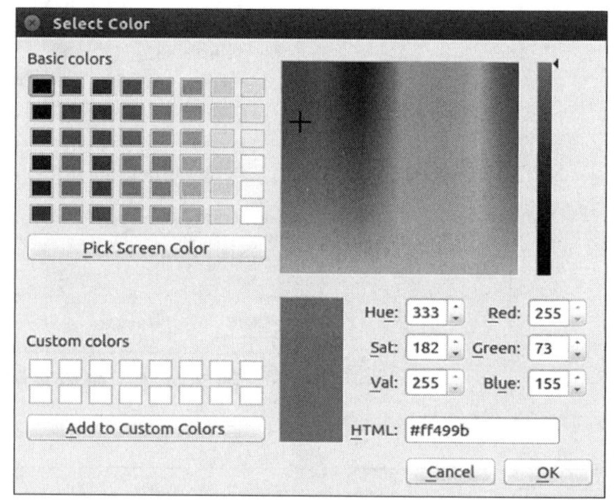

图 7-4-12　颜色编辑器

三、播放摄像头数据

本实例使用了 camera.bag 文件，该文件记录的是 HG Castle-X 机器人使用摄像头拍摄的画面，使用 rosbag 命令回放并使用 RViz 显示数据的方法如下：

1. 新建一个终端，输入以下命令，启动节点管理器。

```
$ roscore
```

2. 进入 ROSbag 文件夹，在该文件夹路径下打开新终端，输入以下命令，用 rosbag 工具循环回放摄像头数据，运行结果如图 7-4-13 所示。

```
$ rosbag play --loop camera.bag
```

3. 新建一个终端，输入以下命令，用 RViz 显示数据情况。

```
$ rviz
```

```
ros@castle: ~/ROSbag
文件(F) 编辑(E) 查看(V) 搜索(S) 终端(T) 帮助(H)
ros@castle:~/ROSbag$ rosbag play --loop camera.bag
[ INFO] [1621494210.420085026]: Opening camera.bag

Waiting 0.2 seconds after advertising topics... done.

Hit space to toggle paused, or 's' to step.
 [RUNNING]  Bag Time: 1589359157.644712   Duration: 0.000000 / 116.656519
 [RUNNING]  Bag Time: 1589359157.644819   Duration: 0.000107 / 116.656519
 [RUNNING]  Bag Time: 1589359157.674839   Duration: 0.030127 / 116.656519
 [RUNNING]  Bag Time: 1589359157.711923   Duration: 0.067211 / 116.656519
 [RUNNING]  Bag Time: 1589359157.744039   Duration: 0.099327 / 116.656519
 [RUNNING]  Bag Time: 1589359157.774167   Duration: 0.129455 / 116.656519
 [RUNNING]  Bag Time: 1589359157.810451   Duration: 0.165739 / 116.656519
 [RUNNING]  Bag Time: 1589359157.841855   Duration: 0.197143 / 116.656519
 [RUNNING]  Bag Time: 1589359157.875223   Duration: 0.230511 / 116.656519
 [RUNNING]  Bag Time: 1589359157.909723   Duration: 0.265011 / 116.656519
 [RUNNING]  Bag Time: 1589359157.941714   Duration: 0.297002 / 116.656519
 [RUNNING]  Bag Time: 1589359157.977364   Duration: 0.332652 / 116.656519
 [RUNNING]  Bag Time: 1589359158.011972   Duration: 0.367260 / 116.656519
```

图 7-4-13 循环回放摄像头数据

4. 添加“Image”可视化元素。本案例中使用按话题添加的方式，添加过程如图 7-4-14 所示。添加完成后，RViz 左下角的“Image”中即可回放摄像头所拍摄的画面，如图 7-4-15 所示。也可以将“Image”图像拖出、放大查看，如图 7-4-16 所示。

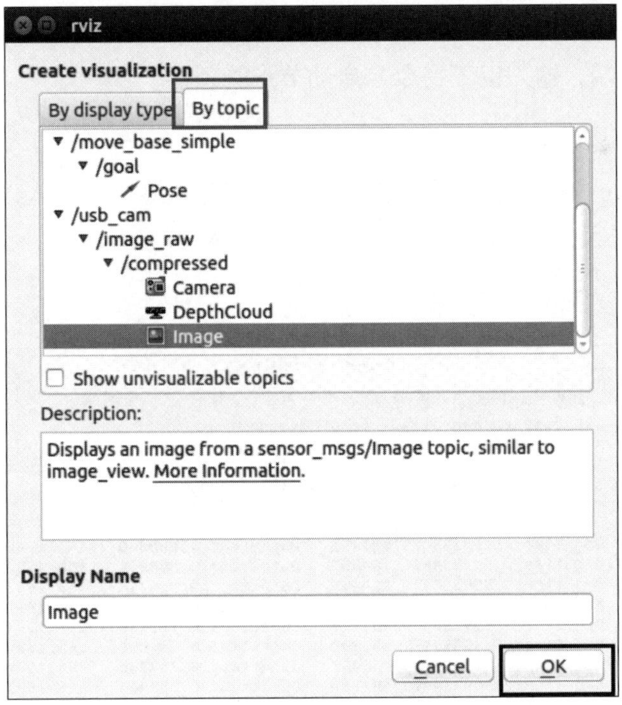

图 7-4-14 添加 Image 可视化元素

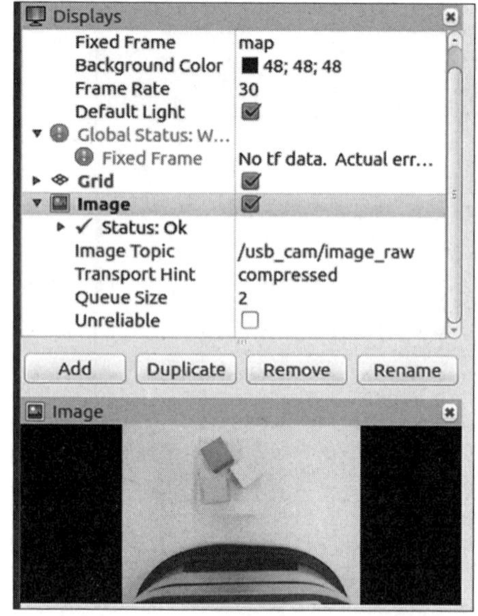

图 7-4-15　播放摄像头数据

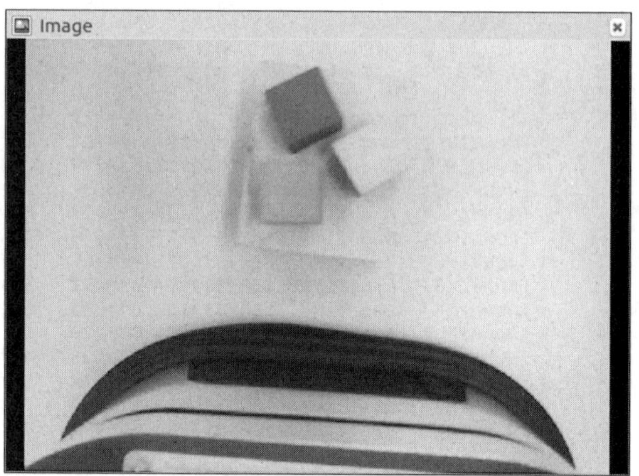

图 7-4-16　“Image”图像拖出、放大

四、播放机器人里程计数据

本实例使用了 odom.bag 文件，该文件记录的是 HG Castle-X 机器人的里程计数据，使用 rosbag 命令回放并使用 RViz 显示数据的方法如下：

1. 新建一个终端，输入以下命令，启动节点管理器。

```
$ roscore
```

2. 进入 ROSbag 文件夹，在该文件夹路径下打开新终端，输入以下命令，用 rosbag 工具循环回放机器人里程计数据，运行结果如图 7-4-17 所示。

```
$ rosbag play --loop odom.bag
```

```
ros@castle: ~/ROSbag
文件(F) 编辑(E) 查看(V) 搜索(S) 终端(T) 帮助(H)
ros@castle:~/ROSbag$ rosbag play --loop odom.bag
[ INFO] [1621494302.415881742]: Opening odom.bag

Waiting 0.2 seconds after advertising topics... done.

Hit space to toggle paused, or 's' to step.
 [RUNNING]  Bag Time: 1589358479.183991   Duration: 0.000000 / 156.159709
 [RUNNING]  Bag Time: 1589358479.184085   Duration: 0.000094 / 156.159709
 [RUNNING]  Bag Time: 1589358479.234465   Duration: 0.050474 / 156.159709
 [RUNNING]  Bag Time: 1589358479.289947   Duration: 0.105956 / 156.159709
 [RUNNING]  Bag Time: 1589358479.337129   Duration: 0.153138 / 156.159709
 [RUNNING]  Bag Time: 1589358479.387999   Duration: 0.204008 / 156.159709
 [RUNNING]  Bag Time: 1589358479.436497   Duration: 0.252506 / 156.159709
 [RUNNING]  Bag Time: 1589358479.487957   Duration: 0.303966 / 156.159709
 [RUNNING]  Bag Time: 1589358479.535370   Duration: 0.351379 / 156.159709
 [RUNNING]  Bag Time: 1589358479.586539   Duration: 0.402548 / 156.159709
 [RUNNING]  Bag Time: 1589358479.635200   Duration: 0.451209 / 156.159709
 [RUNNING]  Bag Time: 1589358479.685418   Duration: 0.501427 / 156.159709
 [RUNNING]  Bag Time: 1589358479.737031   Duration: 0.553040 / 156.159709
```

图 7-4-17　循环回放机器人里程计数据

3. 新建一个终端，输入以下命令，用 RViz 显示数据情况。

```
$ rviz
```

4. 添加“Odometry”可视化元素。

5. RViz 中，“Global Options” 下的“Fixed Frame” 需要修改为“odom”，在“Odometry”下的“Topic”选项中选择“ /odom”并取消勾选“Covariance”复选框，如图 7-4-18 所示。完成设置后，RViz 的 3D 视图显示区会显示箭头，播放机器人里程计数据，如图 7-4-19 所示。若想要调整箭头的显示数量，可以更改“Odometry”下的“Keep”值。

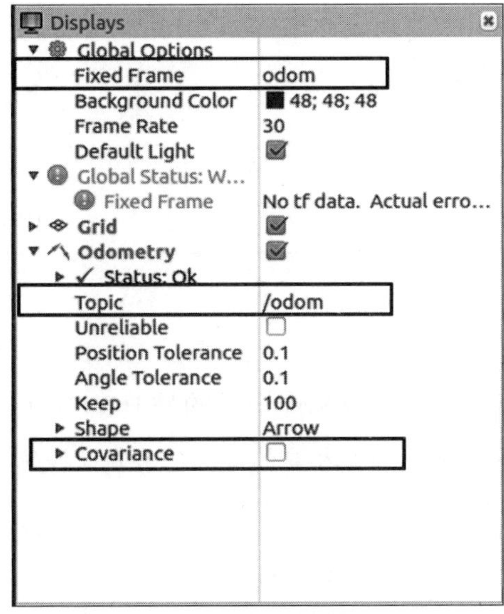

图 7-4-18　显示屏菜单设置

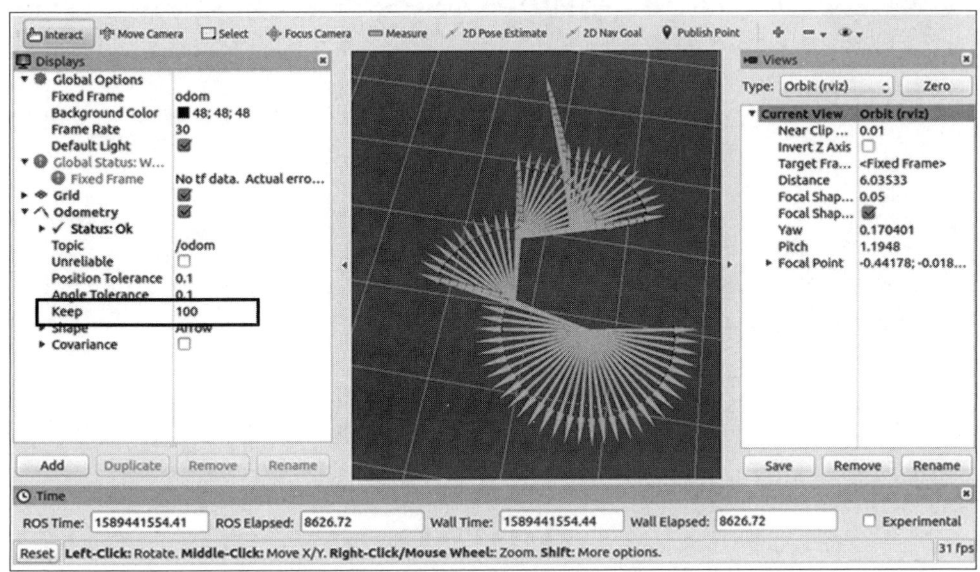

图 7-4-19　播放显示机器人里程计数据

任务小结

总结与本任务播放的数据相关的固定坐标系和话题名称，将其记录在表 7-4-2 中。

表 7-4-2 回放结果记录

序号	播放数据	固定坐标系	话题

课后拓展

1. rosbag 命令的用法有哪些？作用分别是什么？
2. 在机器人运行过程中应如何录制相应的数据？录制数据的目的是什么？

任务五 使用 TF 坐标变换实现小海龟跟随运动

任务目标

1. 了解 TF 坐标变换的基础知识
2. 掌握 TF 坐标变换功能包的作用和使用方法
3. 掌握常用的 TF 工具
4. 能使用 TF 坐标变换实现小海龟跟随运动

课前预习

预习本任务的基础知识，回答以下问题：

1. 通常情况下，ROS 中三维坐标系的 +*X*、+*Y* 和 +*Z* 方向分别用什么颜色的坐标轴表示？

2. 常用的 TF 工具有哪些？

基础知识

一、TF 坐标变换

坐标变换是机器人学中一个非常基础且重要的概念。机器人本体和机器人的工作环境中存在大量的组件元素，这些组件元素所处的相对位置和姿态各有不同，而在机器人的设计和应用中都会涉及不同组件位置变换的计算，这就需要引入坐标系以及坐标变换的概念。

ROS 中的坐标变换系统由 TF 功能包维护。在许多 ROS 功能包（如 SLAM 建图和机器人导航）中，TF 功能包用于发布三维空间中各个坐标系之间的变换关系，图 7–5–1 显示了世界坐标系、激光雷达坐标系和机器人坐标系之间的变换关系，这种变换关系在机器人感知和导航中至关重要。通常情况下，三维坐标系的 +*X* 方向用红色坐标轴表示，+*Y* 方向用绿色坐标轴表示，+*Z* 方向用蓝色坐标轴表示。

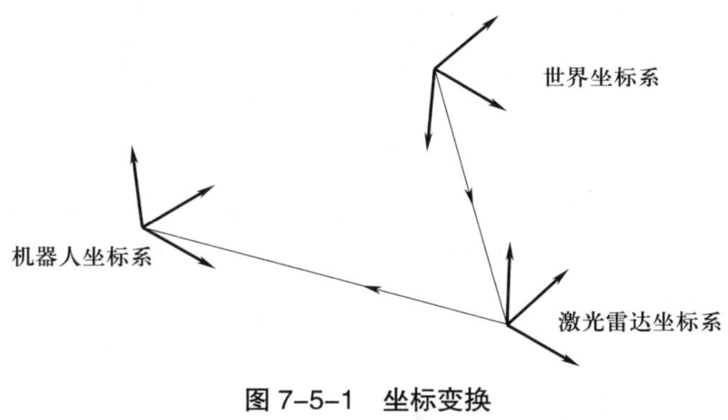

图 7–5–1　坐标变换

二、TF 坐标变换功能包的作用

一个完整的机器人系统通常有很多三维坐标系，图 7–5–2 所示是 PR2 机器人的所有三维坐标系，如世界坐标系（world frame）、机器人中心坐标系（base frame）、机械夹爪坐标系（gripper frame）、机器人头部坐标系（head frame）等，这些坐标系都会随着时间的推移发生变化。

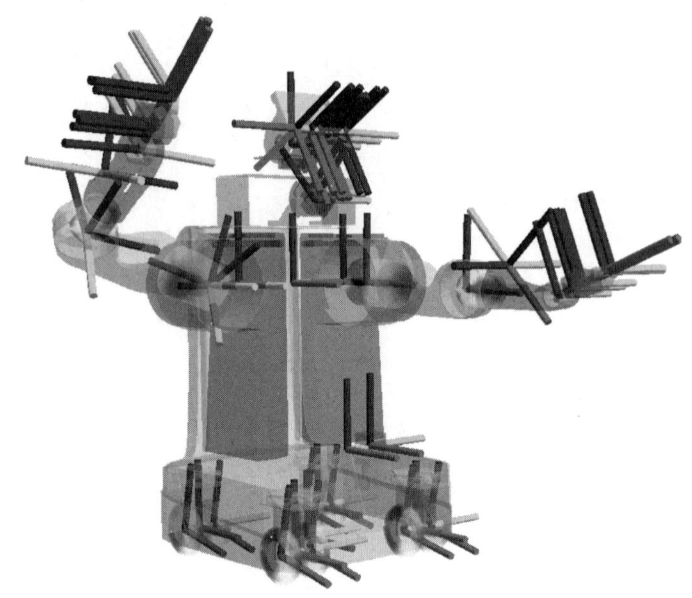

图 7-5-2　PR2 机器人的所有三维坐标系

TF 坐标变换功能包的作用是根据时间缓冲维护多个坐标系之间的坐标变换关系，它可以在任何时间跟踪多个坐标系。它使用树型数据结构，可以帮助开发者方便、快捷地完成点、向量等坐标的变换。通过 TF 坐标变换功能包，开发者可以请求以下类型的数据：

1. 坐标系之间的变换关系：TF 坐标变换功能包允许开发者查询不同坐标系之间的变换关系，如一个坐标系相对于另一个坐标系的平移和旋转关系。

2. 时刻的坐标变换：TF 坐标变换功能包能够记录并提供坐标系在不同时间点的变换关系。开发者可以查询过去或未来的特定时间点的坐标变换数据，以便对历史或预测的位置、姿态进行分析或规划。

3. 运动中的坐标变换：对于运动中的物体或机器人，TF 坐标变换功能包能够提供动态的坐标变换数据。开发者可以获取物体或机器人在不同时间点的位置和姿态信息，以便进行实时的控制和反馈。

三、TF 坐标变换功能包的使用

TF 坐标变换功能包的使用包括订阅 TF 变换和发布 TF 变换两个方面。

1. 订阅 TF 变换

通过订阅 TF 变换，开发者可以接收并监听来自 TF 坐标变换系统的变换消息，获取两个坐标系之间的变换关系，并将其应用于机器人的导航、感知或其他相关任务中，进行相应的处理和决策。

2. 发布 TF 变换

通过发布 TF 变换，开发者可以向系统发布坐标系之间的变换关系。ROS 系统中可能存在多个不同的部分同时发布 TF 变换，每个部分都可以通过发布 TF 变换消息将坐标变换关系直接插入 TF 树中。这种方式无须另外的同步设置，各个部分可以独立地向 TF 树中添加坐标变换关系。通过这种方式，开发者可以方便地管理和维护坐标变换关系，确保系统中各个部分的数据在时间和空间上保持同步。

四、TF 工具

TF 提供了丰富的终端工具来帮助开发者调试和创建 TF 变换。

1. tf_monitor

tf_monitor 工具的功能是打印 TF 树中所有坐标系的发布状态，命令的格式如下，可以通过输入参数来查看指定坐标系的发布状态，程序运行结果如图 7-5-3 所示。

```
$ rosrun tf tf_monitor
```

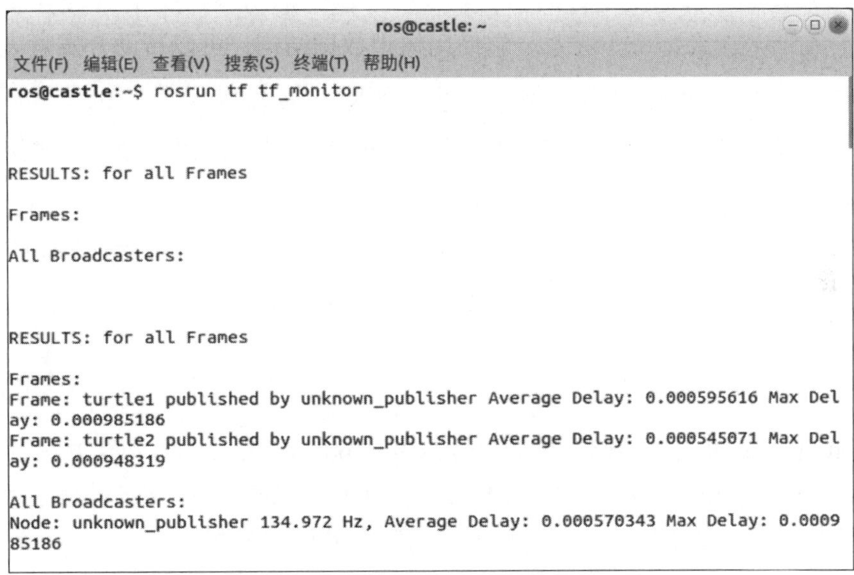

图 7-5-3　查看坐标系的发布状态

2. tf_echo

tf_echo 工具的功能是查看指定坐标系之间的变换关系，命令的格式如下。以小海龟为例，程序运行结果如图 7-5-4 所示。

```
$ rosrun tf tf_echo <source_frame><target_frame>
```

```
ros@castle: ~
文件(F) 编辑(E) 查看(V) 搜索(S) 终端(T) 帮助(H)
ros@castle:~$ rosrun tf tf_echo /turtle1 /turtle2
At time 1621487670.176
- Translation: [0.000, 0.000, 0.000]
- Rotation: in Quaternion [0.000, 0.000, 0.778, 0.628]
            in RPY (radian) [0.000, -0.000, 1.783]
            in RPY (degree) [0.000, -0.000, 102.145]
At time 1621487670.943
- Translation: [0.000, 0.000, 0.000]
- Rotation: in Quaternion [0.000, 0.000, 0.778, 0.628]
            in RPY (radian) [0.000, -0.000, 1.783]
            in RPY (degree) [0.000, -0.000, 102.145]
At time 1621487671.950
```

图 7–5–4　查看坐标系之间的变换关系

3. static_transform_publisher

static_transform_publisher 工具的功能是定义两个坐标系之间的静态坐标变换，该工具在标定机器人传感器的位姿时应用较多，命令的格式如下：

```
$ static_transform_publisher x y z yaw pitch roll frame_id child_frame_id period_in_ms
$ static_transform_publisher x y z qx qy qz qw frame_id child_frame_id period_in_ms
```

以上两种命令需要设置坐标的偏移和旋转参数。偏移参数使用相对于 X、Y、Z 三轴的坐标位移。旋转参数的表示方法有两种，一种是以弧度为单位表示 yaw/pitch/roll 角度，另一种是使用四元数表达旋转角度。发布频率以 ms 为单位。

该命令不仅可以在终端中使用，还可以在 launch 文件中使用，命令格式如下：

```
<launch>
<node pkg="tf"type="static_transform_publisher" name="link1 _broadcaster" args="1 0 0 0 0 0 1 link1_parent link1 100" />
</launch>
```

4. view_frames

view_frames 是可视化的调试工具，可以生成 pdf 文件，显示整棵 TF 树的信息，以查看整个机器人系统的坐标系层次结构。该命令的格式如下，程序运行结果如图 7–5–5 所示，然后使用 pdf 阅读器查看生成的 pdf 文件，TF 树如图 7–5–6 所示。

```
$ rosrun tf view_frames
```

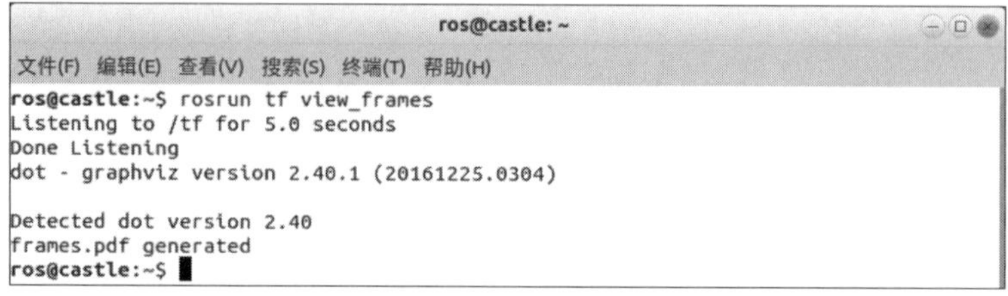

图 7–5–5　可视化调试

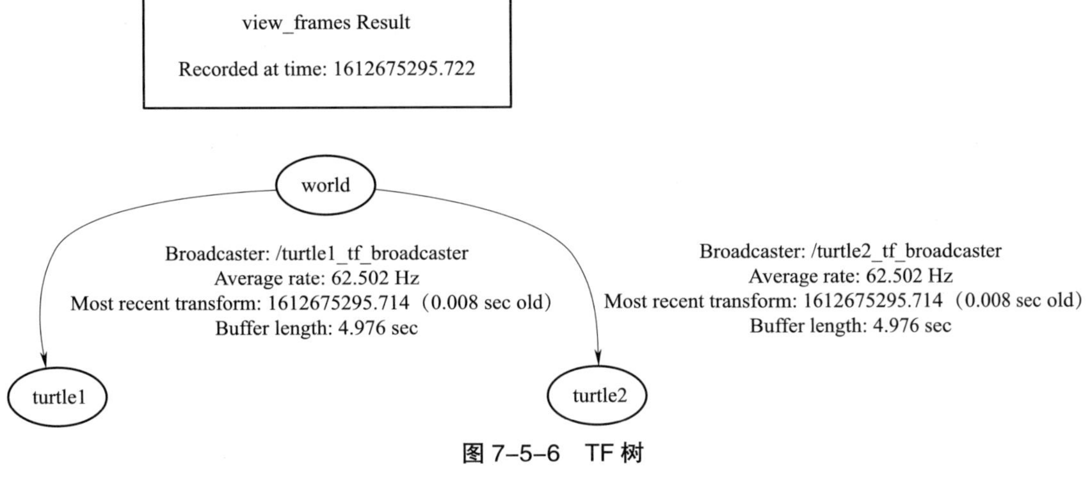

图 7–5–6　TF 树

任务实施

本任务将使用 TF 坐标变换实现小海龟跟随运动，以理解 TF 坐标变换的作用并熟悉 TF 工具。

一、安装功能包 turtle_tf

1. 新建一个终端，输入以下命令，安装功能包 turtle_tf，程序执行结果如图 7–5–7 所示。

```
$ sudo apt-get install ros-melodic-turtle-tf
```

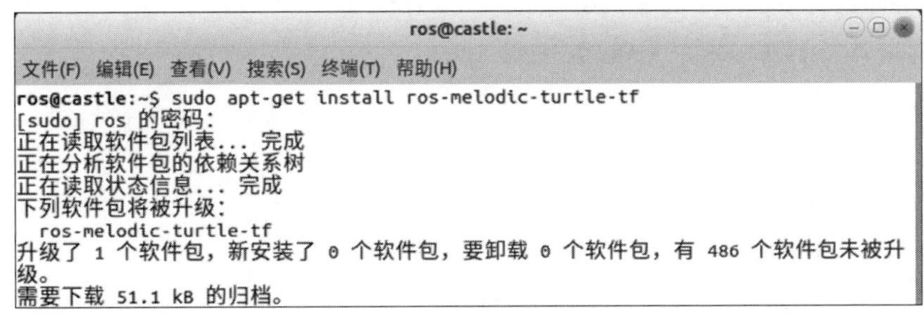

图 7–5–7　安装功能包 turtle_tf

2. 倘若步骤 1 运行失败，显示软件包无法下载的错误，则可以按照提示更新软件列表。运行以下命令，系统会访问软件源列表中的网址并读取和更新软件列表，如图 7–5–8 所示，然后保存在系统中。更新完毕后再次执行命令安装 turtle_tf 即可。

```
$ sudo apt-get update
```

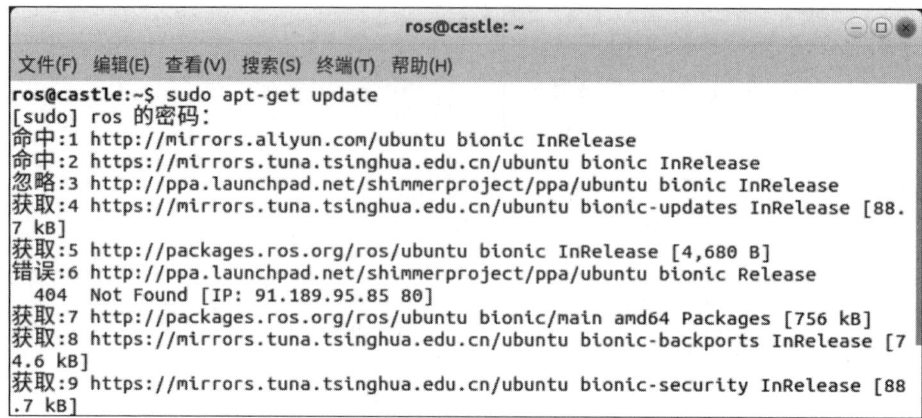

图 7-5-8　更新软件列表

二、实现小海龟跟随运动

1. 新建一个终端，输入以下命令，会自动打开小海龟仿真器且出现两只小海龟。下方的小海龟 2（/turtle2）会自动向中心位置的小海龟 1（/turtle1）移动，运行效果如图 7-5-9 和图 7-5-10 所示。

```
$ roslaunch turtle_tf turtle_tf_demo.launch
```

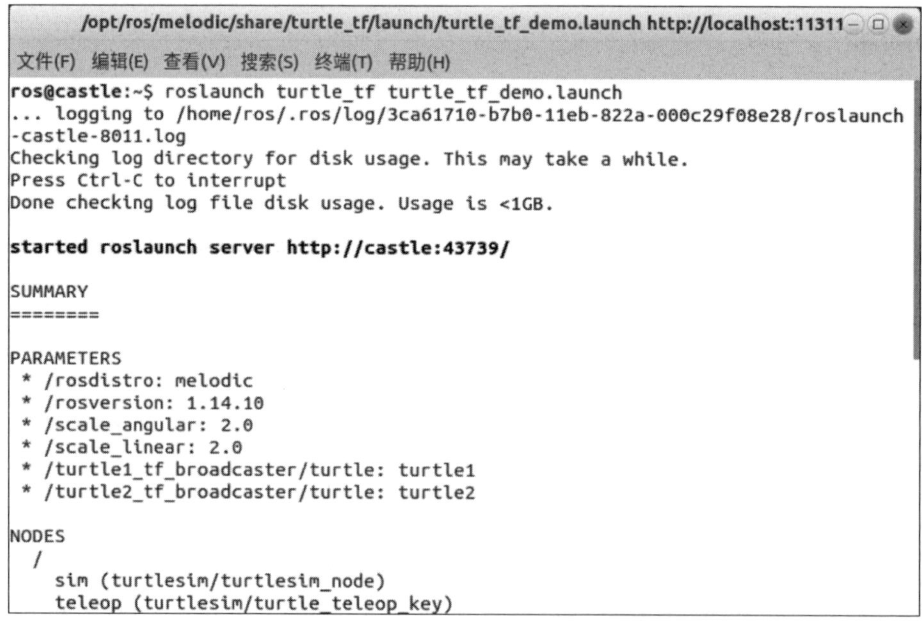

图 7-5-9　运行 turtle_tf 功能包的小海龟

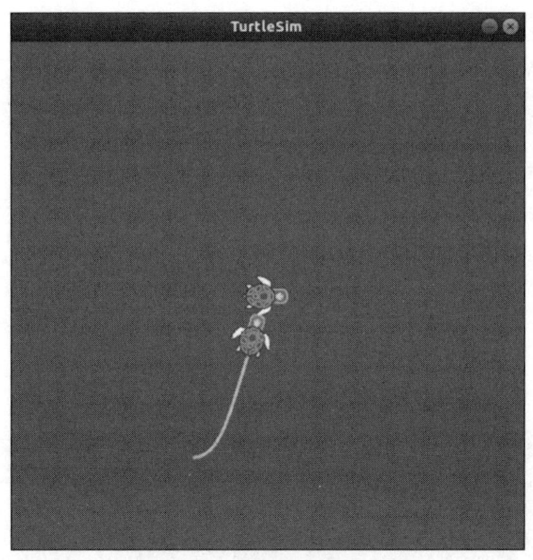

图 7–5–10　两只小海龟

2. 选择步骤 1 中打开的终端，该终端同时打开了小海龟的键盘控制节点。可以使用键盘控制中心位置的小海龟 1 的运动，会发现小海龟 2 总是跟随小海龟 1 运动，如图 7–5–11 所示。

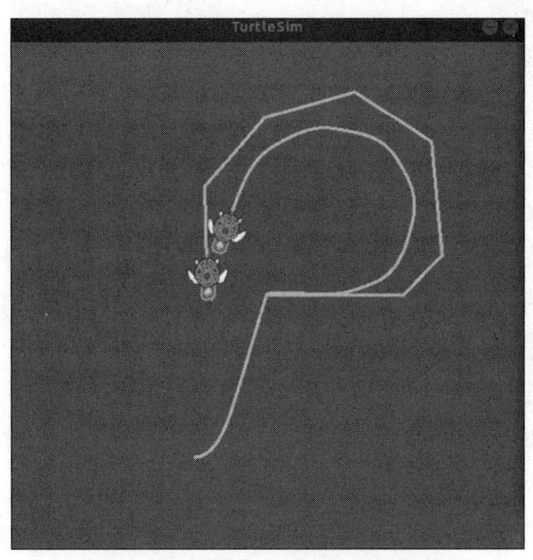

图 7–5–11　两只小海龟的跟随运动

三、查看 TF 树及坐标系变换关系

1. 新建一个终端，输入以下命令，查看系统的 TF 树，如图 7–5–12 所示。系统会自动生成 TF 树的 pdf 文件到主目录（/home）下，文件名称为“frames”，如图 7–5–13 所示。

```
$ rosrun tf view_frames
```

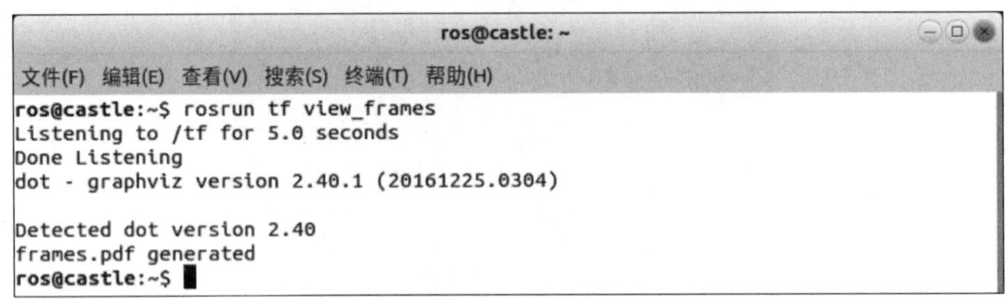

图 7-5-12　查看系统的 TF 树

图 7-5-13　TF 树的 pdf 文件

2. 打开 TF 树的 Pdf 文件，该例程的 TF 树如图 7-5-14 所示，可以看出当前系统中存在 world、turtle1 和 turtle2 三个坐标系。world 是世界坐标系，是当前系统的基坐标系，其他坐标系都是相对于世界坐标系建立的。因此，世界坐标系是 TF 树的根节点，turtle1、turtle2 的坐标系则是相对于世界坐标系建立的两只小海龟的坐标系。这三个坐标系构成了当前系统的 TF 树。

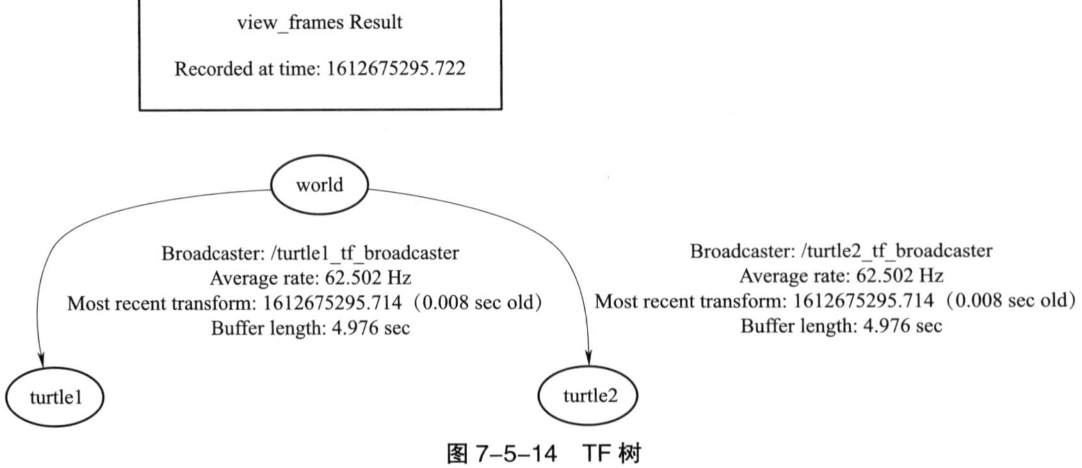

图 7-5-14　TF 树

前述步骤中小海龟 2 跟随小海龟 1 运动，相当于 turtle2 坐标系向 turtle1 坐标系移动。想要实现两坐标系的相对移动，就需要知道坐标系之间的变换关系。在本实例中，world、turtle1 和 turtle2 三个坐标系的变换关系如下：

$$T_{\text{turtle1\_turtle2}}=T_{\text{turtle1\_world}}\times T_{\text{world\_turtle2}}$$

3. 新建一个终端，输入以下命令，使用 tf_echo 工具在 TF 树中查看小海龟坐标系之间的变换关系，程序运行结果如图 7–5–15 所示。

```
$ rosrun tf tf_echo turtle1 turtle2
```

```
ros@castle: ~
文件(F) 编辑(E) 查看(V) 搜索(S) 终端(T) 帮助(H)
ros@castle:~$ rosrun tf tf_echo turtle1 turtle2
At time 1621325661.007
- Translation: [0.000, 0.000, 0.000]
- Rotation: in Quaternion [0.000, 0.000, 1.000, -0.016]
            in RPY (radian) [0.000, 0.000, -3.110]
            in RPY (degree) [0.000, 0.000, -178.210]
At time 1621325661.760
- Translation: [0.000, 0.000, 0.000]
- Rotation: in Quaternion [0.000, 0.000, 1.000, -0.016]
            in RPY (radian) [0.000, 0.000, -3.110]
            in RPY (degree) [0.000, 0.000, -178.210]
At time 1621325662.768
- Translation: [0.000, 0.000, 0.000]
- Rotation: in Quaternion [0.000, 0.000, 1.000, -0.016]
            in RPY (radian) [0.000, 0.000, -3.110]
            in RPY (degree) [0.000, 0.000, -178.210]
```

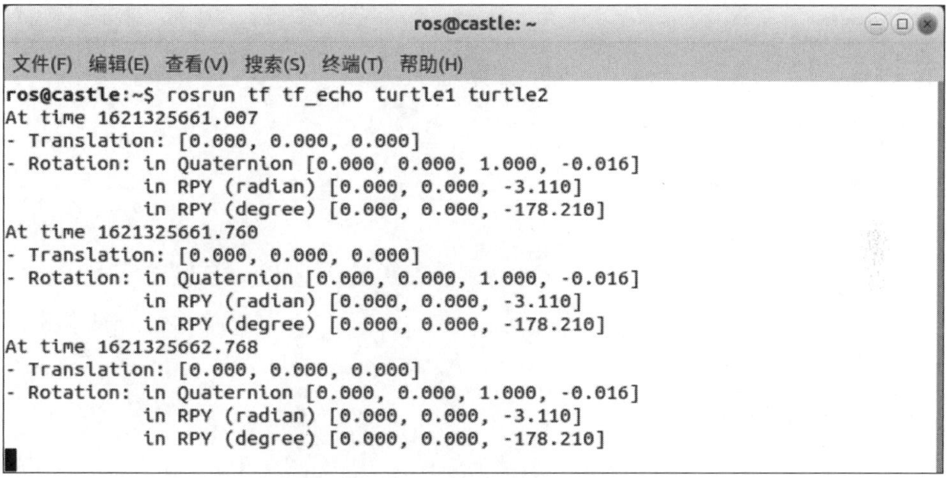

图 7–5–15　小海龟坐标系的变换关系

四、使用 RViz 查看坐标系变换关系

1. 除了使用 tf 功能包的工具外，还可以使用 RViz 更形象地查看 world、turtle1 和 turtle2 三个坐标系的关系。新建一个终端，输入以下命令，程序运行结果如图 7–5–16 所示。

```
$ rosrun rviz rviz -d $(rospack find turtle_tf)/rviz/turtle_rviz.rviz
```

```
ros@castle: ~
文件(F) 编辑(E) 查看(V) 搜索(S) 终端(T) 帮助(H)
ros@castle:~$ rosrun rviz rviz -d $(rospack find turtle_tf)/rviz/turtle_rviz.rviz
[ INFO] [1705987899.068738862]: rviz version 1.13.13
[ INFO] [1705987899.068844257]: compiled against Qt version 5.9.5
[ INFO] [1705987899.068864256]: compiled against OGRE version 1.9.0 (Ghadamon)
[ INFO] [1705987899.074599879]: Forcing OpenGl version 0.
[ INFO] [1705987900.623629500]: Stereo is NOT SUPPORTED
[ INFO] [1705987900.623786292]: OpenGl version: 2.1 (GLSL 1.2).
```

图 7–5–16　启动 RViz

2. 在 RViz 的“Displays”窗口的“Fixed Frame”中选择要显示的基坐标系，图 7–5–17 中的基坐标系是“world”，可以尝试选择其他两个坐标系。除此之外，还可以选择显示 TF 组件中坐标系的名字和对应关系。

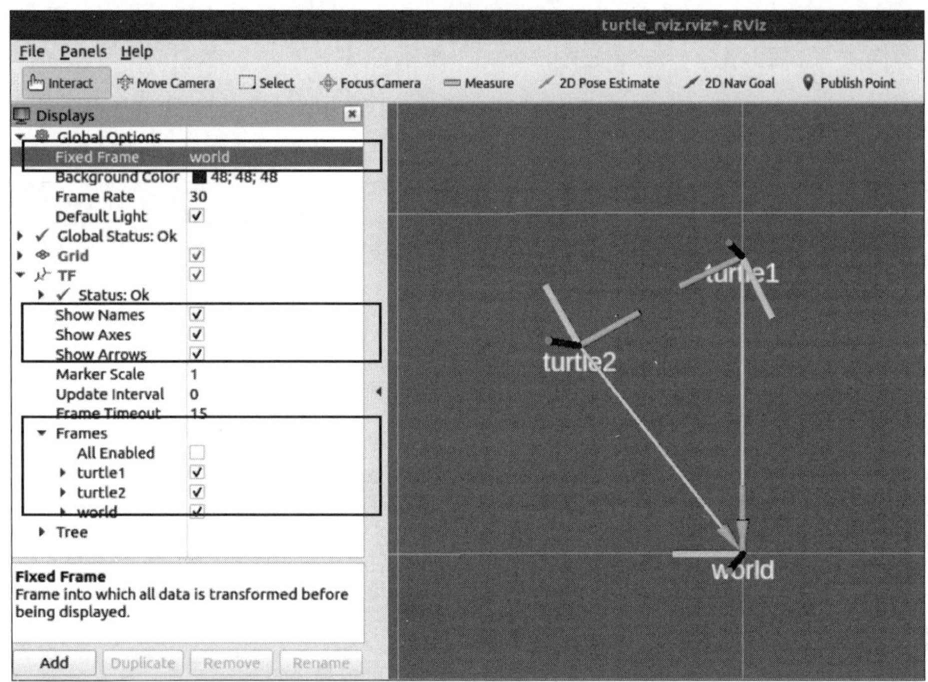

图 7–5–17　选择要显示的基坐标系和 TF 组件

3. 单击“Displays”窗口中的“Tree”，可以显示当前系统的 TF 树，如图 7–5–18 所示，world 是父坐标系，turtle1 和 turtle2 是子坐标系。

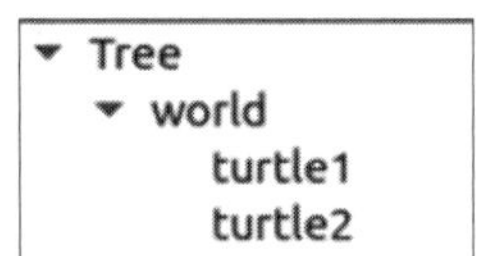

图 7–5–18　RViz 中的 TF 树

任务小结

将 TF 坐标变换工具包中的命令、作用及其在运行小海龟例程中的结果记录在表 7–5–1 中。

表 7-5-1　运动结果记录

序号	命令	作用	运行结果

课后拓展

1. 机器人开发过程中的哪些环节会运用 TF 坐标变换?

2. 尝试在任务实施过程中使用添加可视化元素的方法（项目七任务四内容）查看坐标系的变换关系。

项目八

机器人仿真环境搭建与仿真操作

本项目将学习机器人仿真环境搭建和仿真操作。通过本项目的学习，应能在Gazebo中搭建一个仿真环境，并在仿真环境下对机器人进行仿真，实现SLAM建图和点对点导航。

学习目标

◇ 了解仿真的概念和仿真软件Gazebo
◇ 了解ROS中的地图、SLAM建图和Gmapping算法
◇ 了解导航功能包、地图的构建与定位、代价地图和地图规划
◇ 能使用Gazebo搭建仿真环境
◇ 能在仿真环境中实现SLAM建图和点对点导航

项目任务

◇ 任务一　机器人仿真概述
◇ 任务二　搭建仿真场景
◇ 任务三　在仿真环境中实现SLAM建图
◇ 任务四　在仿真环境中实现点对点导航

任务一 机器人仿真概述

任务目标

1. 了解仿真的概念、内容和模型
2. 了解仿真软件 Gazebo 的功能和特点
3. 掌握 Gazebo 仿真的步骤

课前预习

预习本任务的基础知识，回答以下问题：

1. 仿真的过程包括两个主要步骤：____________________和____________________。

2. 使用 Gazebo 软件进行仿真通常包括以下三个步骤：________________________、________________________和________________________。

基础知识

一、仿真简介

仿真通过使用模型复现实际系统中的关键过程，通过对系统模型进行试验来研究系统的性质和行为。仿真也称为模拟，它涵盖了物理、数学、静态、动态、连续、离散等多种模型类型，不仅适用于电气、机械、化工、水力、热力等各类系统，还可应用于社会、经济、生态、管理等领域。当研究对象的成本高昂、操作风险高或需要长时间才能了解参数变化的情况时，仿真是一种特别有效的研究手段。

仿真的过程包括两个主要步骤：建立仿真模型和进行仿真实验。建立仿真模型涉及对系统的结构、行为和关系进行建模以及选择适当的仿真工具和技术。进行仿真实验时，应根据模型设定初始条件和参数，运行仿真程序并收集仿真数据，以评估系统的性能和响应。通过反复调整模型参数，仿真可以帮助学习者深入理解系统的特性、优化设计和解决问题，是一种安全、经济、高效的手段。

在机器人领域，仿真对于验证机器人行为、测试算法、设计控制策略等方面具有重要意义。通过在仿真环境中模拟机器人的运动、感知和交互，可以减少机器人的开发和测试成本，提高开发效率。同时，仿真还可以提供可视化展示、数据分析和结果验证等功能，帮助学习者更好地理解机器人系统的运行和行为。因此，掌握仿真技术对于机器人工程师和研究人员而言是非常重要的技能之一。

1. 仿真内容

机器人仿真涵盖了物性数据库、单元操作模型库、模型求解算法库、仿真环境及其输入输出，这些部分共同构建了一个完整的机器人仿真系统。

（1）物性数据库：提供模块运行所需的基础物性数据和物性计算，包括温度、压力、密度等参数。

（2）单元操作模型库：包括各种模块，每个模块由物料平衡、能量平衡、相平衡、反应速率等方程组成的数学模型构成。这些模型描述了单元操作的行为，如反应器、蒸馏塔、传热设备等。

（3）模型求解算法库：提供各种数值求解算法，用于解决仿真模型中的线性方程组、非线性方程组、参数拟合、最优化问题等。这些算法能够对模型进行求解和优化，得到模拟结果。

（4）仿真环境及其输入输出：仿真环境是管理仿真运行的机构，它控制着仿真的进行程度和参数设置。同时，仿真环境还负责处理输入数据（如模型参数、初始条件）并生成输出结果（如模拟过程的变量值、曲线图、动画）。

2. 仿真模型

仿真模型是用于对被仿真对象进行模拟和研究的相似物或其结构形式。它可以是物理模型或数学模型，但并不是所有对象都能够建立物理模型。在某些情况下，为了研究复杂系统的行为，只能通过计算机来进行仿真。

建立仿真模型，首先需要将被仿真对象的行为和特性转化为数学模型，这涉及描述对象动力学特性的方程、参数、约束等。通过对仿真对象进行观察、测量等，可以获取必要的数据来支持模型的建立。数学模型建立完成后，需要将其转换成适合计算机处理的形式，即生成仿真模型。对于模拟计算机，这意味着将数学模型转换成模拟排列图，以便通过模拟的方式进行仿真；而对于数字计算机，则需要将数学模型转换成计算机可执行的源代码，以便进行数值计算和仿真实验。

二、仿真软件 Gazebo

1. Gazebo 的功能

Gazebo 是一个免费的开源机器人模拟环境，由 Willow Garage 开发，其启动界面如图 8-1-1 所示。作为一个为机器人开发人员提供多种支持的工具软件，Gazebo 具有以下功能：

（1）机器人模型设计。

（2）快速原型构建与算法测试。

（3）使用真空场景进行回归测试。

（4）室内 / 室外环境模拟。

（5）传感器数据模拟。支持的传感器包括激光测距仪、2D/3D 相机、Kinect 类传感器、接触式传感器、力—扭矩传感器等。

（6）采用面向对象的图形渲染引擎（OGRE）进行高级 3D 对象和环境建模。

图 8–1–1　Gazebo 启动界面

2. Gazebo 的特点

Gazebo 是一款功能强大的三维物理仿真平台，具备强大的物理引擎、高质量的图形渲染功能、方便的编程与图形接口，最重要的是其开源免费的特性。Gazebo 中的机器人模型与 RViz 使用的模型相同，但需要在模型中加入机器人和周围环境的物理属性，如质量、摩擦系数、弹性系数等。机器人的传感器信息也可以通过插件加入仿真环境，以可视化的方式进行显示。Gazebo 的特点如下：

（1）动力学仿真：支持多种高性能的物理引擎，如 ODE、Bullet、SimBody、DART 等。

（2）三维可视化环境：支持显示三维环境，包括光线、纹理、影子等。

（3）传感器仿真：支持传感器数据的仿真，同时可以仿真传感器噪声。

（4）可扩展插件：用户可以定制开发插件，扩展 Gazebo 的功能，满足个性化需求。

（5）多种机器人模型：官方提供 PR2、Pioneer2 DX、TurtleBot 等机器人模型，用户也可以自己创建机器人模型。

（6）TCP/IP 传输：可以通过网络通信实现远程仿真，即在后台进行仿真计算，然后将仿真结果传输到前台显示。

（7）云仿真：仿真可以在 Amazon、Softlayer 等云端运行，也可以在自己搭建的云服务器上运行。

（8）终端控制：用户可以使用 Gazebo 提供的命令行工具在终端实现仿真控制。

3. Gazebo 仿真的步骤

使用 Gazebo 软件进行仿真通常包括以下三个步骤：

（1）创建仿真环境。首先需要创建一个仿真环境，该环境可以是室内或室外的场景，包括地面、墙壁、障碍物等。可以通过 Gazebo 提供的图形界面或配置文件，添加和调整环境中的各种元素，以满足仿真需求。这样的仿真环境能够为机器人提供合适的场景和条件，使仿真更加真实和准确。

（2）配置机器人模型。需要在仿真环境中为机器人创建相应的模型，包括机器人的外观、物理属性、传感器等。通过 Gazebo 提供的建模工具或导入现有的机器人模型，可以对机器人进行详细配置和设置，包括机器人的几何结构、质量、关节、运动控制等方面的定义。配置机器人模型时，还可以添加传感器模型，如摄像头、激光雷达等，以使仿真更加逼真和全面。

（3）正式启动仿真。仿真环境和机器人模型配置完成后，即可正式启动仿真。通过 Gazebo 的控制界面，可以启动仿真并观察机器人在仿真环境中的运动和行为，可以通过调整仿真参数、设置机器人的目标和任务等来探索不同的场景和情境。同时，Gazebo 还提供了丰富的工具和功能，如实时调试、数据记录、可视化分析等，以支持仿真的监控和评估。

任务小结

谈谈你对机器人仿真和 Gazebo 软件的理解，记录在表 8-1-1 中。

表 8-1-1　任务小结

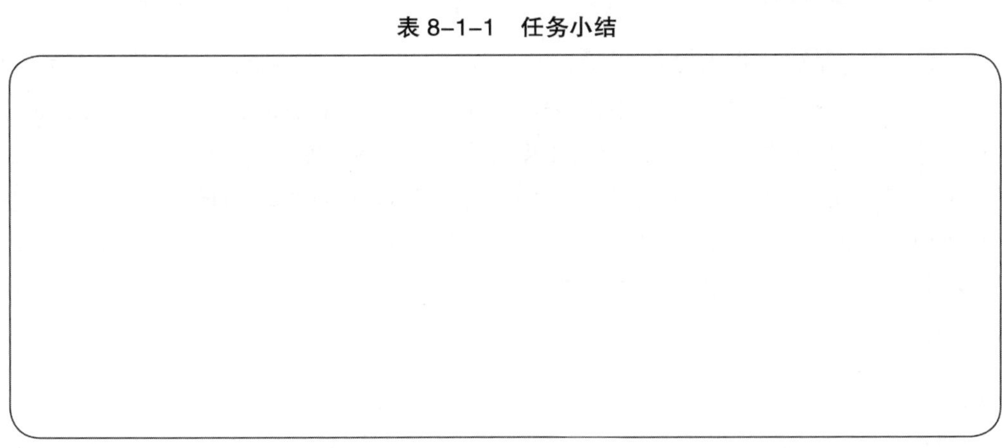

课后拓展

试搜集资料，了解其他开发者的项目使用 Gazebo 实现了什么功能？ Gazebo 在项目中发挥了什么作用？

任务二 搭建仿真场景

任务目标

1. 了解 Gazebo 主界面的组成及各部分的功能
2. 能使用 Gazebo 搭建仿真场景

课前预习

预习本任务的基础知识，回答以下问题：

1. Gazebo 窗口中的栅格表示环境模型的______________。
2. 模拟时间与实时时间的比值称为______________。

基础知识

Gazebo 主界面介绍

Gazebo 的主界面如图 8–2–1 所示，与 RViz 的界面非常相似。中央窗口显示的是 Gazebo 的 3D 环境模型，窗口中的栅格表示环境模型的地平面，所有的环境元素都位于地平面之上。与 RViz 类似，Gazebo 使用米或千米作为标准的距离计量单位。Gazebo 还具备与 RViz 相同的光标 / 鼠标控制功能。例如，当在 Gazebo 的环境模型中双击鼠标左键时，可以以双击的位置为中心对仿真环境进行放大。此外，Gazebo 也支持键盘操作控制。

Gazebo 的主界面由菜单栏、3D 视图区、工具栏、模型列表、模型属性项和时间显示区组成，如图 8–2–1 所示。

1. 菜单栏

菜单栏位于主界面的顶部，提供了 Gazebo 的基本控制和配置选项，使用户能够在仿真环境中进行各种操作。

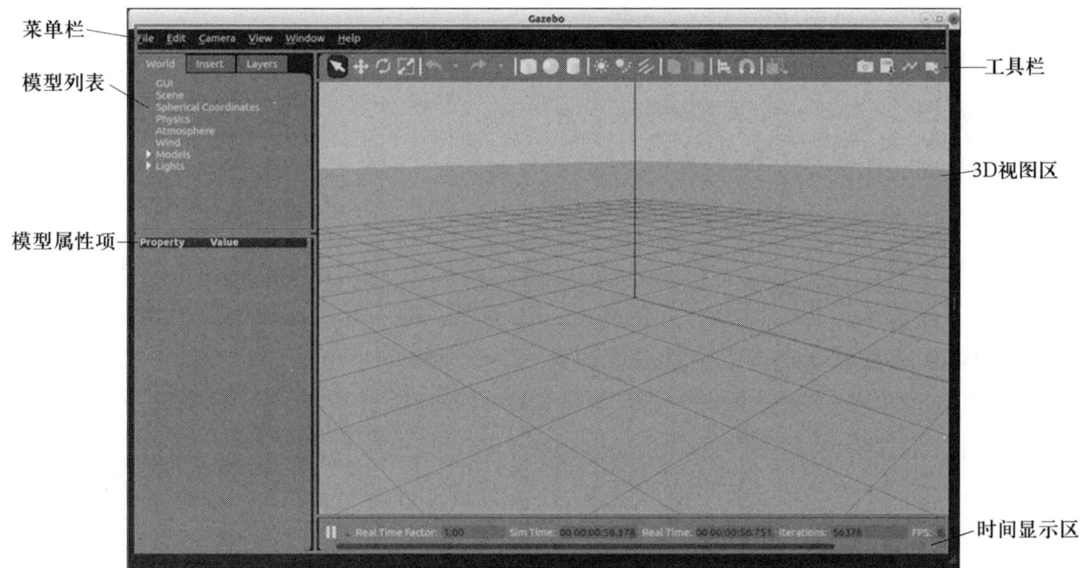

图 8-2-1　Gazebo 主界面

2. 3D 视图区

3D 视图区是 Gazebo 主界面的核心区域，用于显示仿真环境的三维模型。用户可以通过该区域观察和控制仿真过程，包括机器人的运动、物体的交互等。

3. 工具栏

工具栏位于主界面上方，如图 8-2-2 所示。工具栏提供一系列常用的控制仿真过程的工具，例如，用户可以在工具栏中选择不同的工具（如选择、移动、旋转）来操作模型。

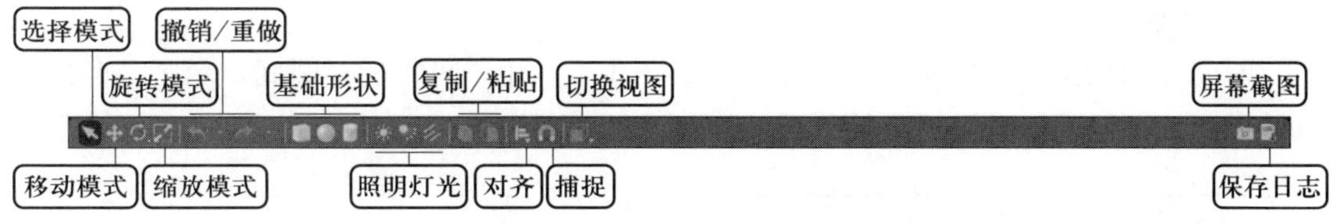

图 8-2-2　Gazebo 工具栏

选择模式：在场景中做标注。

移动模式：选择要移动的模型，可以沿 X 轴、Y 轴、Z 轴或任意方向移动模型。

旋转模式：选择要旋转的模型，可以沿 X 轴、Y 轴、Z 轴或任意方向旋转模型。

缩放模式：选择要缩放的模型，可以沿 X 轴、Y 轴、Z 轴或任意方向缩放模型。

撤销 / 重做：在场景中撤销 / 重做动作。

基础形状：将简单的形状插入场景中。

照明灯光：将灯光添加到场景中。

复制 / 粘贴：在场景中复制 / 粘贴模型。

对齐：将模型对齐。

捕捉：将一个模型捕捉到另一个模型。

切换视图：从多种角度查看场景。

屏幕截图：将屏幕画面截图保存。

保存日志：保存 Gazebo 的运行日志。

4. 模型列表

模型列表位于主界面的左侧，显示了当前仿真环境中可用的模型。用户可以从列表中选择需要添加或操作的模型，如机器人、传感器、物体等。通过拖拽模型到 3D 视图区，用户可以将其放置到指定位置进行仿真。模型列表中有三个选项卡：

World（世界）：该选项卡显示当前场景中的模型并允许用户查看和修改模型的参数，用户还可以展开“GUI”选项并调整相机的姿态以改变视角。

Insert（插入）：该选项卡用于为仿真场景添加新的对象（模型）。用户需要单击该选项卡以查看模型列表，然后选中目标模型，在场景中单击鼠标左键即可将其添加到场景中。

Layers（图层）：该选项卡用于组织并显示仿真场景中可用的不同可视化组（若有）。每个图层可以包含一个或多个模型，通过打开或关闭图层，用户可以显示或隐藏该图层中的模型。

5. 模型属性项

模型属性项位于主界面的左侧或右侧，显示当前选定模型的属性和参数。用户可以通过修改属性项中的数值或选项来调整模型的属性，如位置、大小、质量等。这些属性的调整将影响仿真过程中模型的行为和相互作用。

6. 时间显示区

时间显示区位于主界面底部，如图 8-2-3 所示。用户可以通过时间显示区来监控仿真的进程，以便进行时间的调整和观察仿真过程的变化。

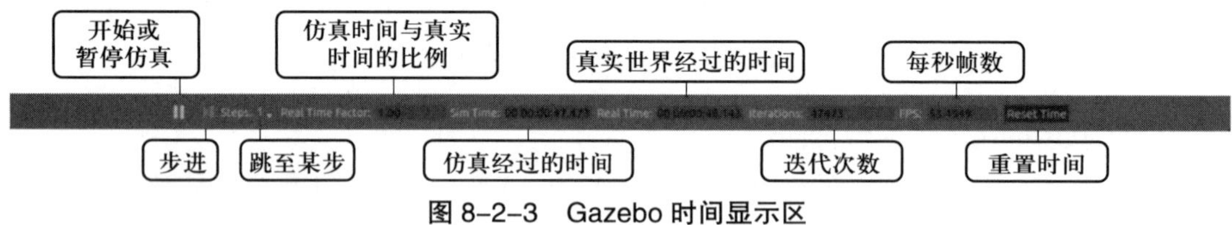

图 8-2-3　Gazebo 时间显示区

模拟时间（仿真时间）是指仿真环境中的时间，它用于模拟系统中各种事件的发生和演化。在仿真过程中，可以根据需要对模拟时间进行加速或减速，这取决于仿真所需的计算量和精度。

与模拟时间相对应的是实时时间（真实时间），它是指仿真器经历的实际时间。模拟时间与实时时间的比值称为实时因子（RTF），实时因子可以用来衡量仿真运行的快慢程度。当实时因子为 1 时，表示模拟时间与实时时间一致。当实时因子小于 1 时，表示模拟时间比实时时间快，即仿真加速；当实时因子大于 1 时，表示模拟时间比实时时间慢，即仿真减速。

实时因子的调整可以根据仿真的需求和计算资源的限制进行，通过控制实时因子，可以使仿真在合理的时间内完成，同时确保仿真的准确性和可靠性，实时因子的设定对于仿真过程的控制和结果的分析都具有重要意义。

迭代次数随着世界状态的迭代而更新，用户可以在时间显示区的右侧查看迭代次数。每次迭代都会将仿真推进一个固定的秒数，称为步长。默认情况下，步长为 1 ms。用户可以单击暂停按钮暂停模拟，并通过步进按钮一次性步进多步。

任务实施

本任务将使用 Gazebo 提供的 Building Editor 工具搭建仿真环境。搭建完成后，保存和导入搭建的仿真模型并设置模型的位置。最后，保存仿真模型文件，以便后续任务中进行导入和使用。

一、启动 Gazebo

新建一个终端，输入以下命令，启动 Gazebo。Gazebo 启动成功后的主界面如图 8-2-4 所示。

```
$ gazebo
```

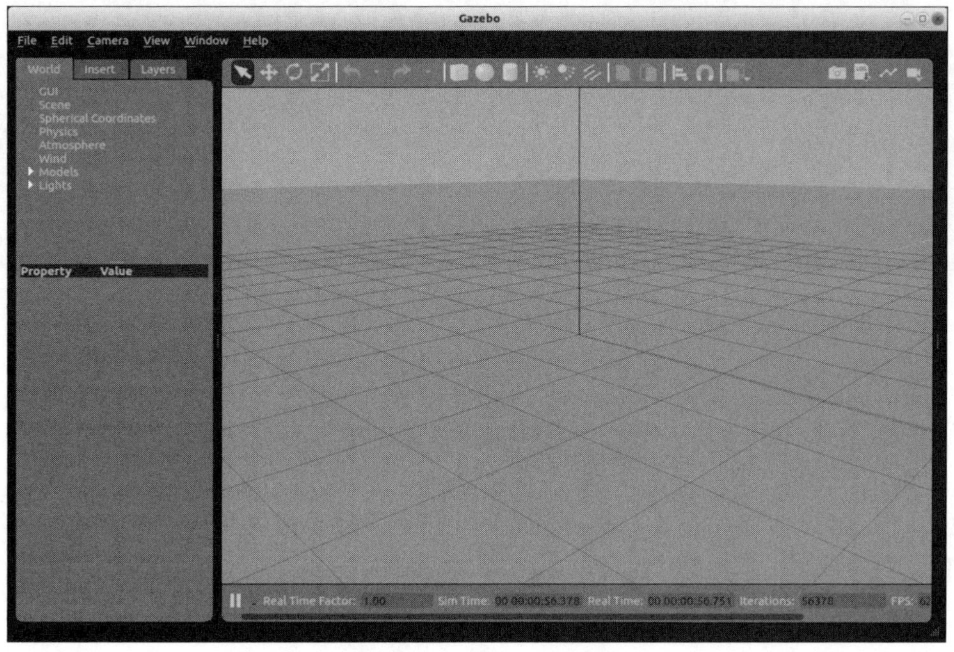

图 8-2-4　Gazebo 主界面

二、搭建仿真环境

Gazebo 中有两种搭建仿真环境的方法，第一种是直接插入模型，第二种是使用 Gazebo 提供的 Building Editor 工具手动绘制地图。

1. 直接插入模型

利用 Gazebo 模型列表中的“Insert”选项卡直接插入模型，即可在仿真环境中添加机器人、外部物体等仿真实例。为了保证模型的顺利加载，可以提前将模型文件拷贝或下载到本地路径“~/.gazebo/models”下（在主目录中，按“Ctrl+H”组合键可以显示隐藏的“~/.gazebo/models”文件夹）。模型文件的下载地址为：http://bitbucket.org/osrf/gazebo_models/downloads/。

通过插入模型搭建的仿真环境如图 8-2-5 所示。

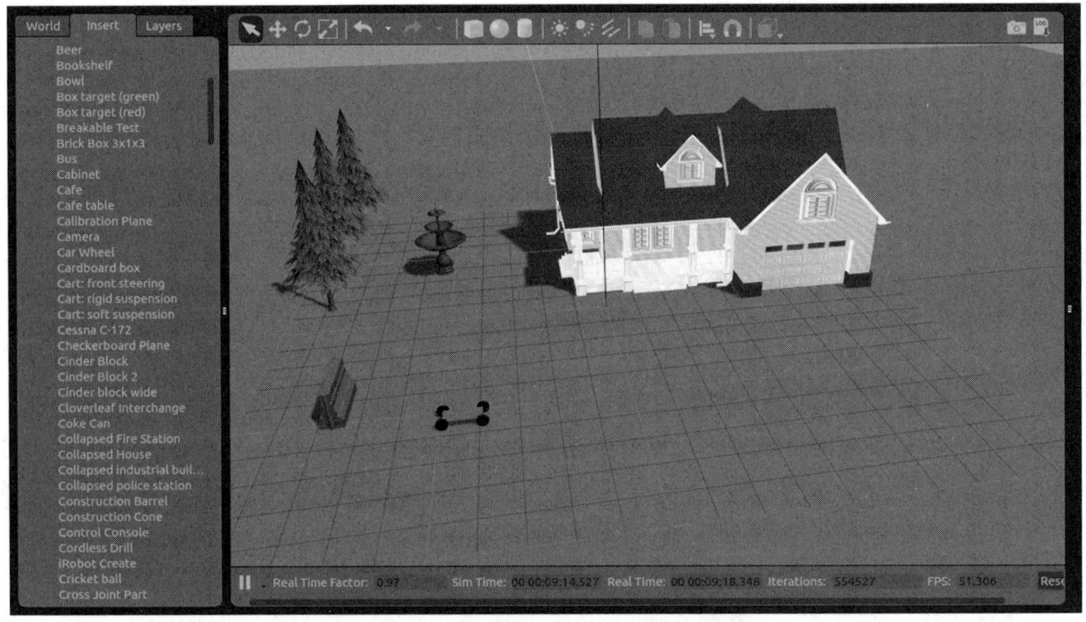

图 8-2-5　通过插入模型搭建的仿真环境

2. 使用 Building Editor 工具

（1）在菜单栏中选择“Edit”→“Building Editor”，或直接使用快捷键“Ctrl+B”打开 Building Editor，Building Editor 界面如图 8-2-6 所示。

（2）可以单击图 8-2-6 中白框部分的四个控制按钮来搭建环境，如选择“Wall”添加墙体。搭建后单击下方的“Add Color”或“Add Texture”为创建的模型增加颜色和纹理，完成操作后按“Esc”键即可取消选择所选中的物体。

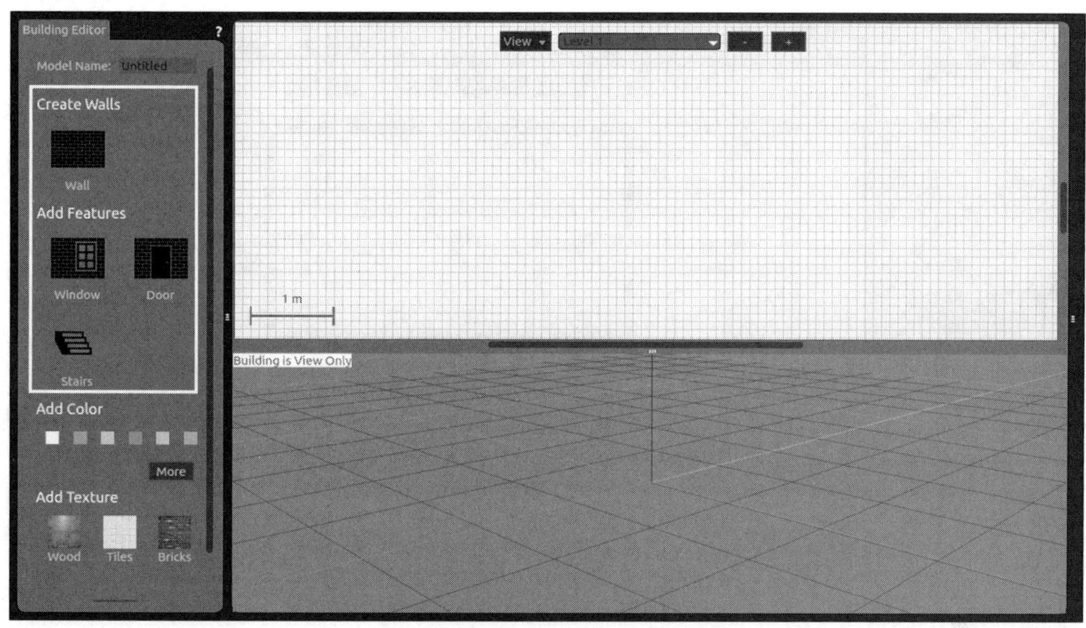

图 8-2-6　Building Editor 界面

（3）右击添加的墙体，选择“Open Wall Inspector”，打开“Wall Inspector”编辑器，可以编辑模型的长度、高度、宽度等，编辑完成后单击“Apply”即可应用设置的参数。为了方便观察机器人导航运动，可以把墙体的高度设置为 0.5 m，如图 8-2-7 所示。最终搭建好的模型场景如图 8-2-8 所示。

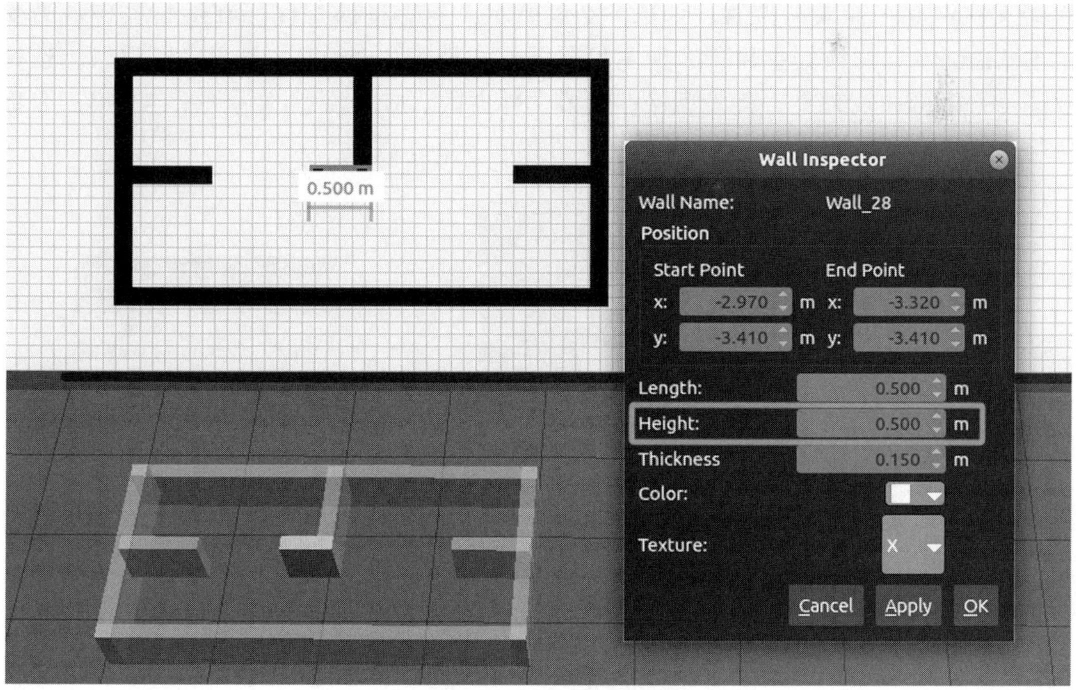

图 8-2-7　设置墙体参数

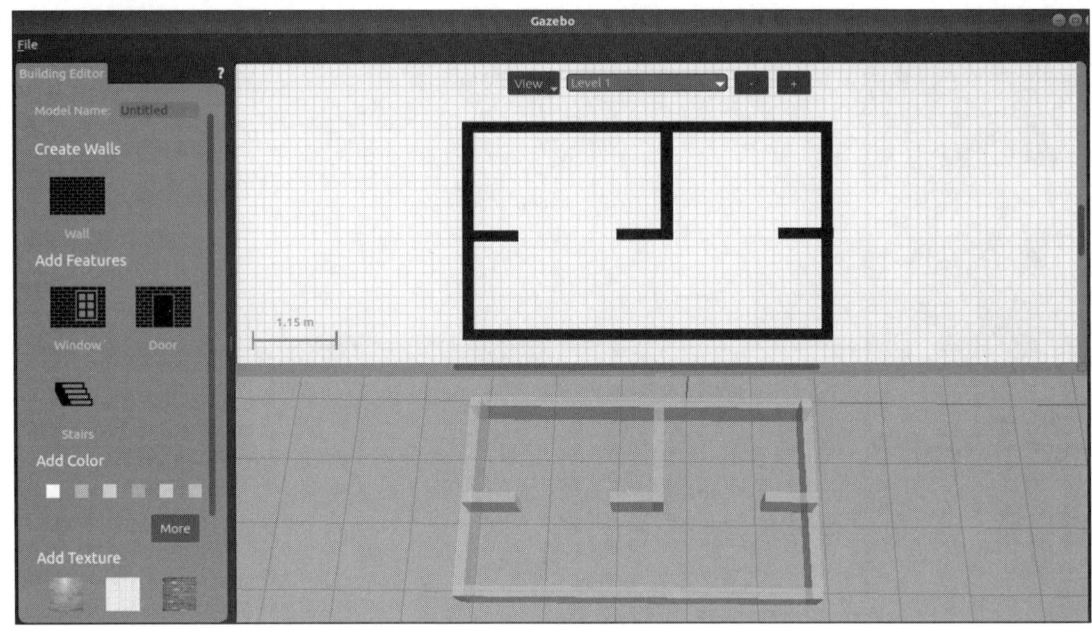

图 8–2–8　仿真场景

三、保存与导入仿真模型

1. 若需要保存仿真模型，可以单击主界面左上角的“File”并选择“Save As”，将模型文件保存在需要的位置，如图 8–2–9 所示。若想将模型保存在模型库中，需要单击“Browse”切换到主目录，在主目录下按快捷键“Ctrl+H”显示隐藏目录，选择 ~/.gazebo/models 文件夹，将模型保存到该文件夹内。应当注意的是，保存时模型名称应与文件名称一致，保存后生成的两个文件如图 8–2–10 所示。

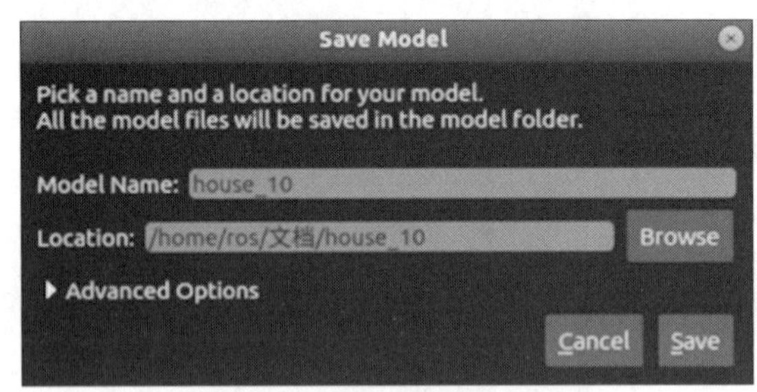

图 8–2–9　选择模型存储位置

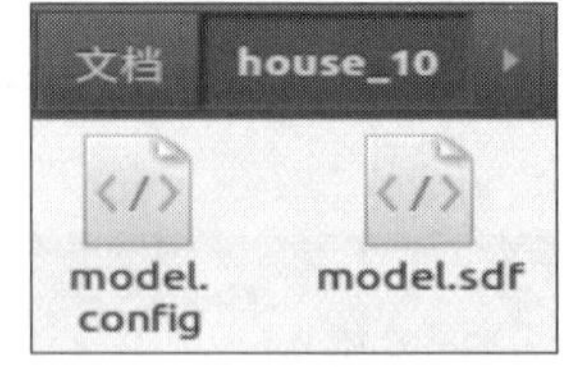

图 8–2–10　保存后生成的两个文件

2. 退出 Building Editor 模式，可以看到刚刚搭建好的场地模型已经自动导入 Gazebo 仿真环境中，如图 8–2–11 所示。

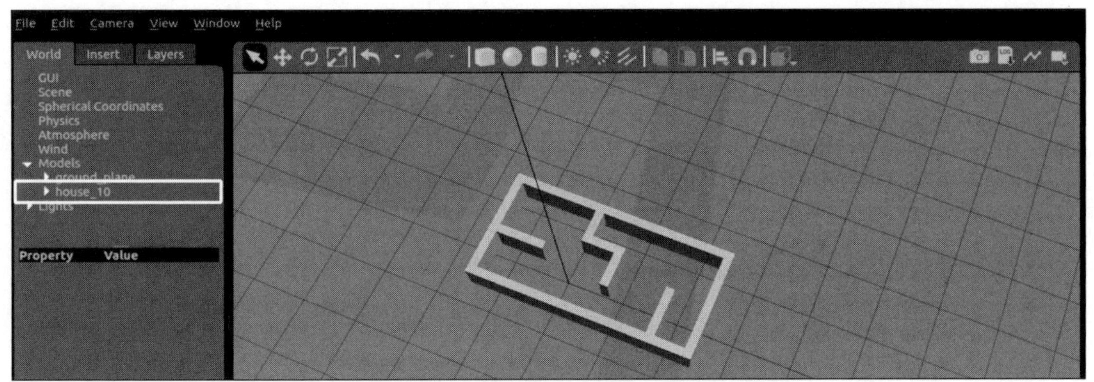

图 8-2-11　模型自动导入仿真环境

3. 这里介绍另一种导入模型的方式。重新启动 Gazebo，若刚刚已将模型保存在 ~/.gazebo/models 文件夹内，则可以在“Insert”选项卡下的“/home/ros/.gazebo/models”模型库内找到刚刚搭建的环境 house_10。若未放进模型库，则可以在“Insert”选项卡下添加另一个文件路径，并找到 house_10，放入模型库中，如图 8-2-12 所示。选中 house_10，将其放置在 3D 视图区的栅格中，即可成功导入。

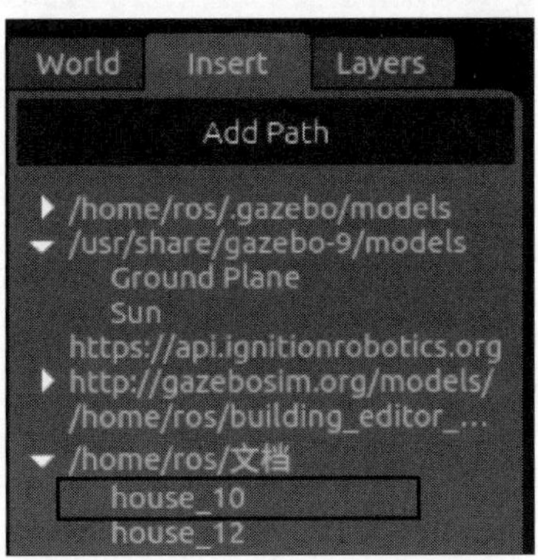

图 8-2-12　“Insert”下的模型文件

四、设置模型位置

单击工具栏中的 即可移动该模型，移动模型的目的是设置机器人建图和导航的起点。机器人的初始位置默认设置在世界坐标系的原点，所以世界坐标系的原点位置需要在场地模型内，并且不能与场地模型的墙壁或障碍物重合。

五、保存仿真文件

1. 单击菜单栏中的“File”并选择“Save World As”（另存为仿真环境），保存仿真环境，如图 8-2-13 所示。

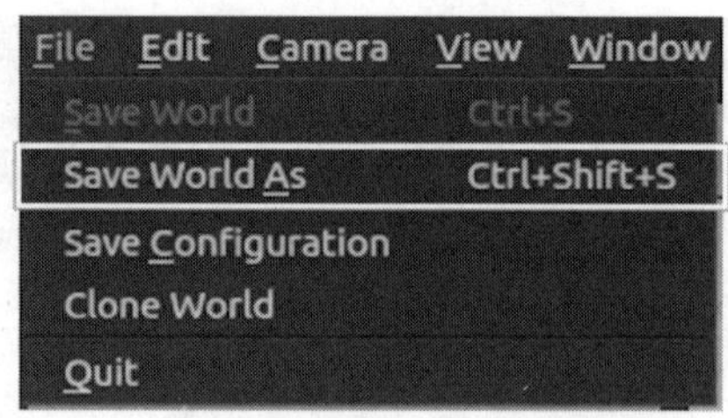

图 8-2-13 保存仿真环境

2. 选择保存文件的路径。为了方便后续建图与导航，可以把文件保存在 turtlebot3_gazebo 功能包中。具体路径为：/home/ros/catkin_ws/src/turtlebot3_simulations/turtlebot3_gazebo/worlds，如图 8-2-14 所示。

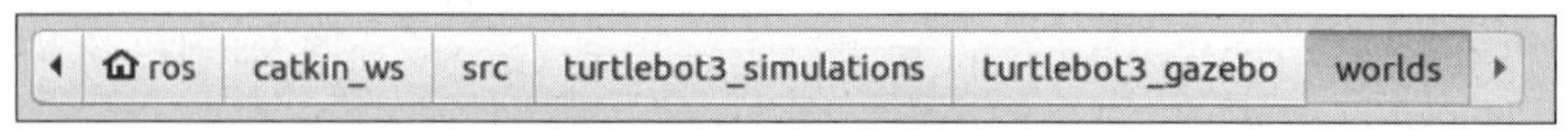

图 8-2-14 选择文件路径

3. 输入文件的名称，后缀为“.world”，如图 8-2-15 所示，输入名称后单击“Save”即可保存。

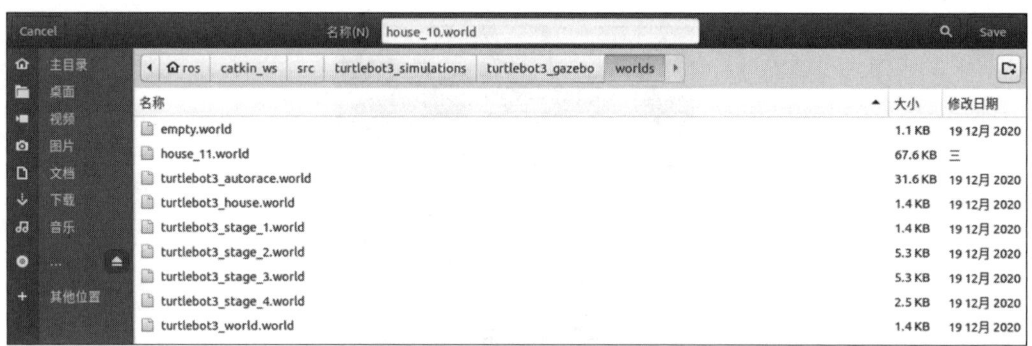

图 8-2-15 输入文件名称

4. turtlebot3_gazebo 功能包中保存的 house_10.world 文件如图 8-2-16 所示。至此，环境搭建已经完成，可以在下一个任务中加载机器人模型并进行仿真。

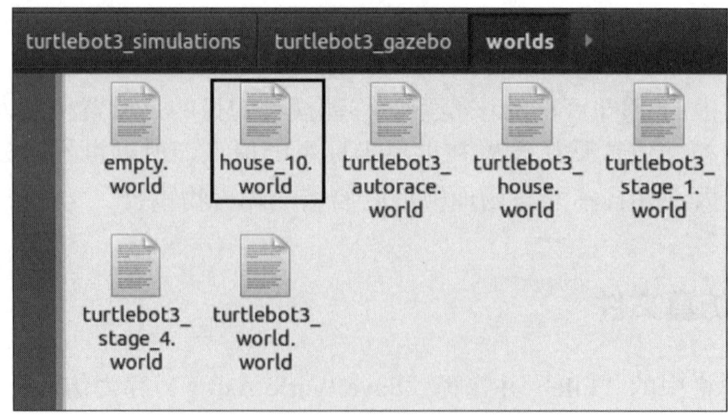

图 8-2-16 house_10.world 文件

任务小结

对比搭建仿真环境的两种方法，将两种方法的优缺点和应用场景记录在表 8-2-1 中。

表 8-2-1 仿真环境搭建方法对比

方法	优点	缺点	应用场景

课后拓展

用搭建仿真环境的两种方法分别搭建一个仿真环境。

在仿真环境中实现 SLAM 建图

任务目标

1. 了解 ROS 中的地图
2. 了解 SLAM 建图
3. 了解 Gmapping 算法
4. 能在仿真中实现 SLAM 建图

课前预习

预习本任务的基础知识，回答以下问题：

1. ROS 地图中的白色像素表示________区域，黑色像素表示________所在区域，灰色像素表示________的区域。

2. Gmapping 能够实时构建室内地图，在构建小型场景地图时计算量较______且具有较高的精度。

基础知识

一、ROS 中的地图

为了使机器人顺利到达目的地，机器人需要描述环境并对其进行认知，这主要依赖于地图。机器人利用环境地图来描述当前环境信息，根据使用的算法和传感器的不同，地图的表示形式也会有所差异。

在机器人学中，地图主要包括栅格地图、特征地图、直接表征法地图和拓扑地图。其中，栅格地图是目前机器人领域中最常用的。它类似于人们所熟悉的地图，本质上是一张位置图像，但每个像素点表示了实际环境中障碍物的概率分布。

在 ROS 中，地图通常指的是栅格地图，它可以被理解为一张常见的灰度图像。图像中黑色像素表示障碍物所在区域，白色像素表示可行区域，而灰色像素则表示尚未被探索的区域，如图 8-3-1 所示。

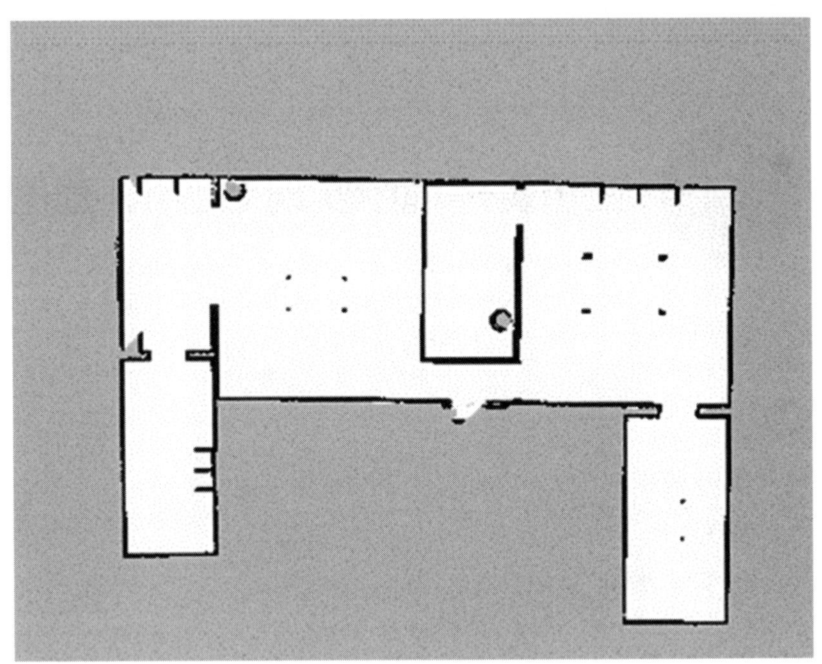

图 8-3-1　ROS 中的地图

地图在机器人领域扮演着重要的角色，它是机器人导航和定位的基础，机器人可以借助地图来感知和理解周围环境。利用地图，机器人可以规划路径，避开障碍物，实现自主导航。地图的生成通常需要借助激光雷达、摄像头或其他传感器来进行环境探测，然后根据探测到的信息生成灰度图像。这样的地图表示方式简单直观，方便机器人系统进行处理和导航决策。

二、SLAM 建图

SLAM（simultaneous localization and mapping）也称为 CML（concurrent mapping and localization），意为即时定位与地图构建，是一种解决机器人在未知环境中进行自主定位和建图问题的技术。简单来说，SLAM 建图就是让机器人在未知环境中，通过不断移动和观测，逐步确定自身位置，并构建出包含环境中所有可到达角落的完整地图。

SLAM 建图的关键在于准确地确定机器人的位置，并将观测到的地图信息与机器人位置进行有效关联。为了实现 SLAM 建图，机器人通常会借助多种传感器，如激光雷达、摄像头、里程计等，以获取环境信息和机器人移动数据。通过融合这些传感器的数据并对其进行处理，可以实现机器人位置和地图的估计与更新。

SLAM 技术在机器人领域具有广泛应用，如无人车、无人机、自主导航机器人等。它为机器人在未知环境中的自主定位和导航提供了关键的解决方案，使机器人能够在复杂和动态的环境中进行准确的定位和建图，从而实现各种任务的完成和路径规划的优化。

三、Gmapping 算法

ROS 提供了多种基于 2D 激光的 SLAM 算法，包括 HectorSLAM、Gmapping、KartoSLAM、CoreSLAM 和 LagoSLAM。此外，经典算法 cartographer 也被改编为基于 ROS 的版本 cartographer_ros。本任务将重点介绍 Gmapping 算法。

Gmapping 是一种高效的 Rao–Blackwellized 粒子滤波器，用于根据激光雷达的测量数据生成 2D 栅格地图。它能够实时构建室内地图，当构建小型场景地图时计算量较小且具有较高的精度。Gmapping 算法的核心思想是通过粒子滤波器对机器人的位姿进行估计，并使用最大似然法来更新地图。算法通过建模和匹配激光雷达的扫描数据，利用自适应的粒子采样和权重更新机制，实现对机器人位置和地图的联合估计。Gmapping 算法在实际应用中已经被广泛验证，并且具有较好的性能。

在 ROS 中进行 SLAM 建图时，使用 Gmapping 算法构建地图是第一步，也是非常重要的一步，需要配置适当的参数，如地图分辨率、粒子数量等，以满足不同场景的需求。通过运行 Gmapping 节点，机器人可以在实时更新的地图中进行定位和导航，为后续的路径规划和自主导航提供准确的环境信息。Gmapping 的主要框架如图 8–3–2 所示。

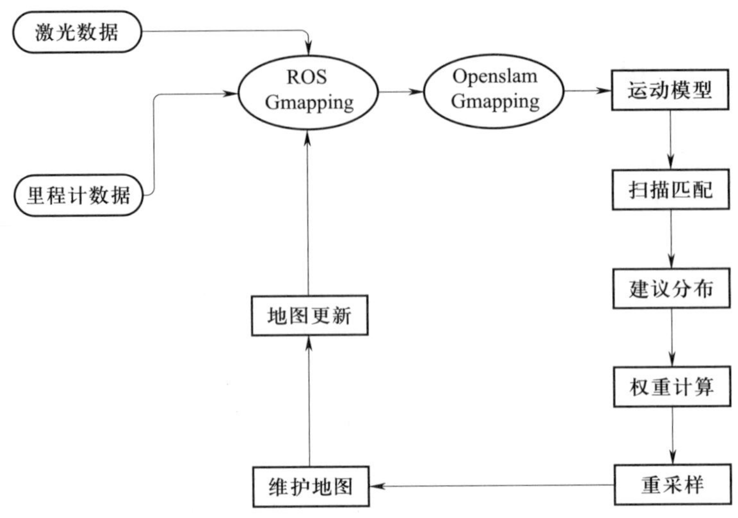

图 8-3-2　Gmapping 的主要框架

任务实施

本任务将使用 turtlebot3 机器人的仿真模型，使机器人在上一任务构建的仿真场地中运动，并构建场地的二维栅格地图。

一、设置环境

当 TURTLEBOT3_MODEL 变量没有被指定时，运行 launch 文件会报错。它有三个变量选择，分别是 burger、waffle 和 waffle_pi。变量未被指定的报错有两种解决方法：

第一种解决方法是在启动 roslaunch 前，在终端中输入以下命令定义 TURTLEBOT3_MODEL 变量，如图 8-3-3 所示。

```
$ export TURTLEBOT3_MODEL=burger
```

图 8-3-3　定义 TURTLEBOT3_MODEL 变量

第二种解决方法是，若固定使用一个模型，可直接在功能包所在工作空间的后缀为“.bashrc”的文件中进行定义，在终端中输入以下命令，如图 8-3-4 所示。

```
$ echo "export TURTLEBOT3_MODEL=burger" >> ~/.bashrc
$ source ~/.bashrc
```

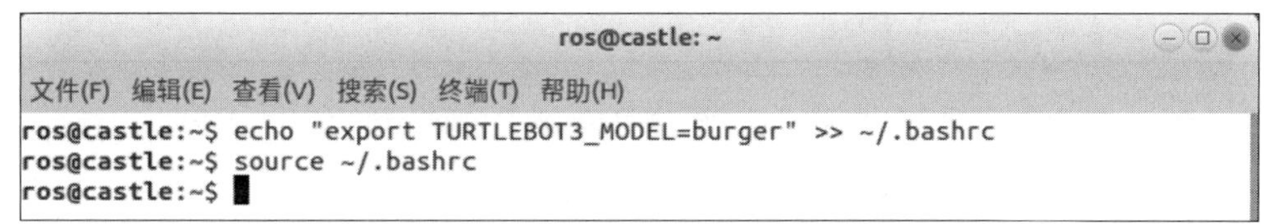

图 8–3–4　在后缀为“.bashrc”的文件中进行定义

在终端中输入以下命令，查看 TURTLEBOT3 变量的设置。若环境设定成功则会显示“TURTLEBOT3_MODEL=burger”，如图 8–3–5 所示。本任务用第二种方法设置了环境，设定为固定的一种小车模型。

```
$ env | grep TURTLEBOT3
```

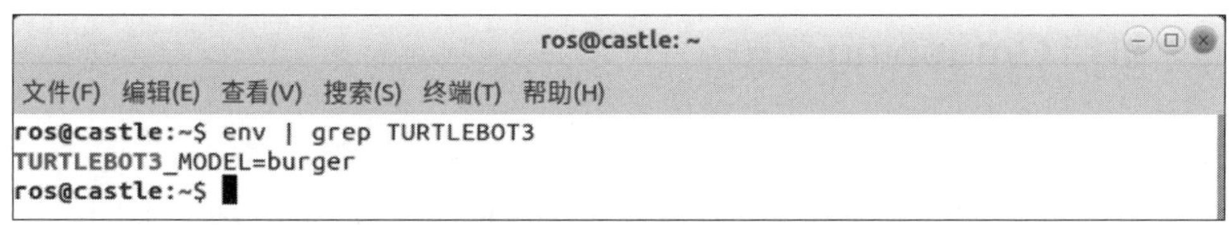

图 8–3–5　查看 TURTLEBOT3 变量的设置

二、导入仿真环境

1. 在 turtlebot3_gazebo 功能包的 launch 文件夹中拷贝 turtlebot3_house.launch 文件，并将其重命名为 house_10.launch，目的是备份文件，防止更改数据时出现错误，如图 8–3–6 所示。

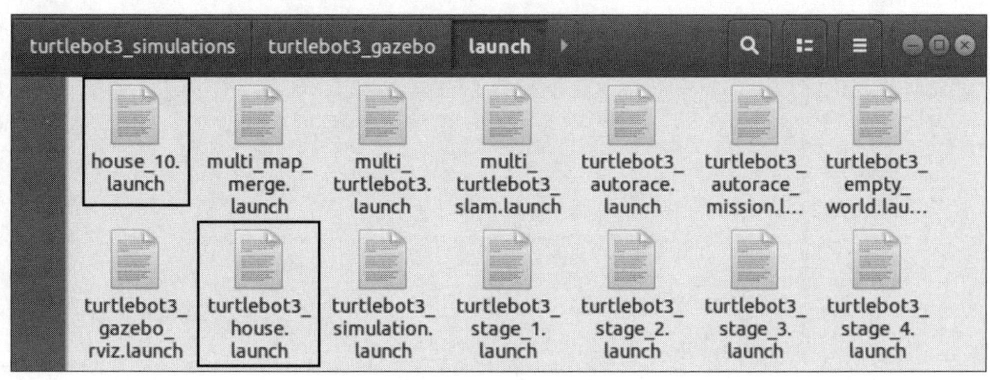

图 8–3–6　备份文件

2. 打开 house_10.launch 文件，更改仿真环境的路径。将 world_name 的 value 的路径更改为上一任务搭建的仿真环境 .world 文件的路径，也就是将文件中的“turtlebot3_house.world”改为上一任务中保存的文件名（house_10.world），如图 8–3–7 所示。更改完成后，单击“保存”并关闭。

打开(O) *house_10.launch ~/catkin_ws/src/turtlebot3_simulations/turtlebot3_gazebo/launch 保存(S)

```
<launch>
  <!--arg name="model" default="$(env TURTLEBOT3_MODEL)" doc="model type [burger,
waffle, waffle_pi]"/-->
  <arg name="model" default="burger" doc="model type [burger, waffle, waffle_pi]"/>
  <arg name="x_pos" default="0.0"/>
  <arg name="y_pos" default="0.0"/>
  <arg name="z_pos" default="0.0"/>

  <include file="$(find gazebo_ros)/launch/empty_world.launch">
    <arg name="world_name" value="$(find turtlebot3_gazebo)/worlds/house_10.world"/>
    <arg name="paused" value="false"/>
    <arg name="use_sim_time" value="true"/>
    <arg name="gui" value="true"/>
    <arg name="headless" value="false"/>
    <arg name="debug" value="false"/>
  </include>
```

图 8–3–7　更改仿真环境的路径

三、进行 Gmapping 建图

1. *启动 Gazebo 仿真*

新建一个终端，输入以下命令，可以看到 turtlebot3 机器人已加载至地图的原点处，如图 8–3–8 所示。

```
$ roslaunch turtlebot3_gazebo house_10.launch
```

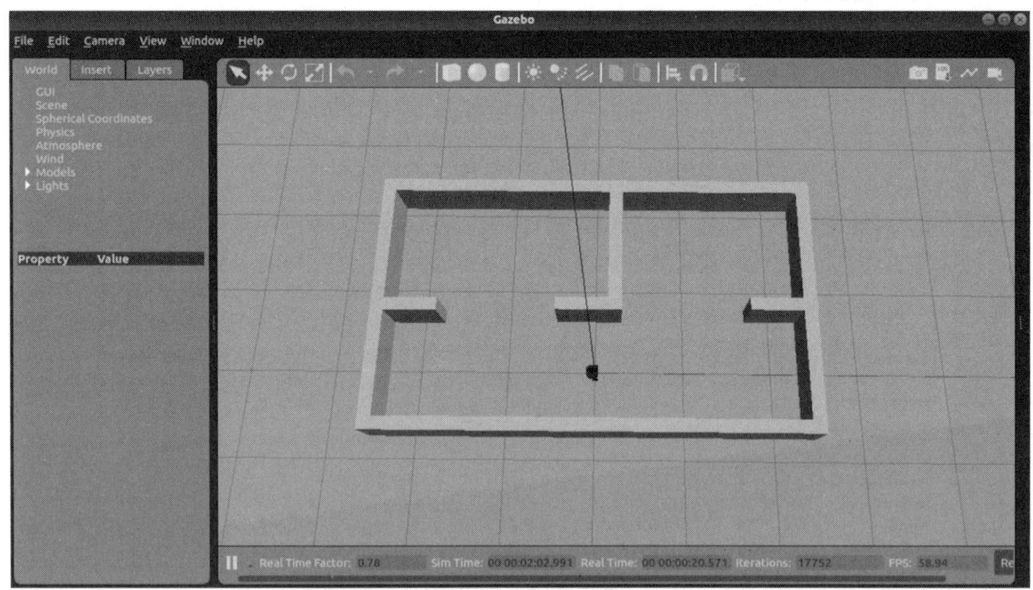

图 8–3–8　机器人加载至地图原点处

2. *启动 Gmapping 建图*

新建一个终端，输入以下命令，启动后的界面如图 8–3–9 所示。

```
$ roslaunch turtlebot3_slam turtlebot3_slam.launch
```

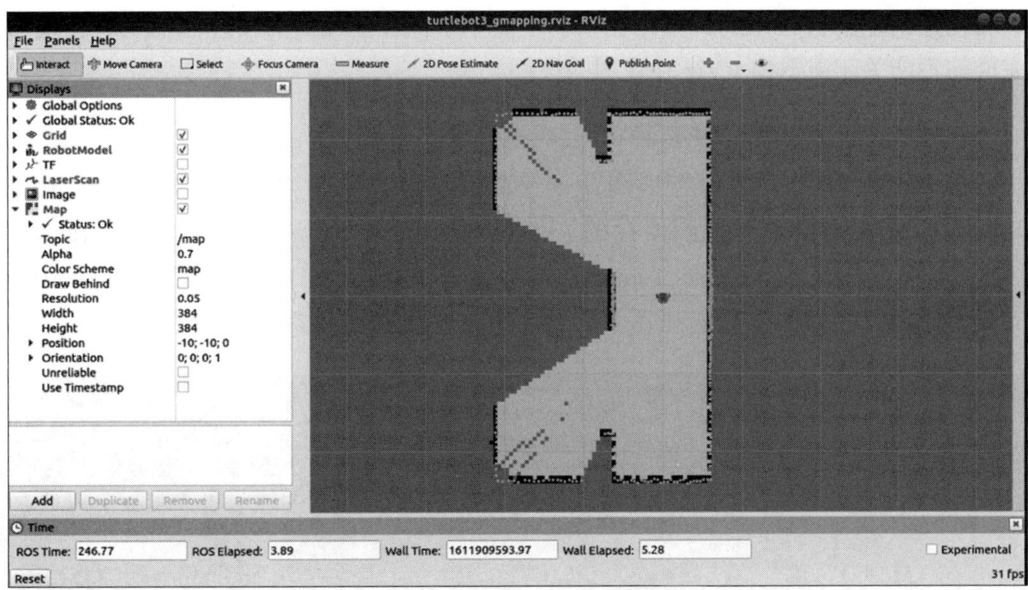

图 8-3-9 启动 Gmapping 建图的界面

3. 启动键盘控制

新建一个终端，输入以下命令，启动 turtlebot3 机器人的键盘控制功能。可以在打开的终端中通过键盘上的 W/X/A/D 键控制方向，通过 S 键来停止移动。

```
$ roslaunch turtlebot3_teleop turtlebot3_teleop_key.launch
```

4. 保存地图

机器人在场地中完整运行一周后，可视化软件 RViz 将会显示一张完整的二维栅格地图，如图 8-3-10 所示。

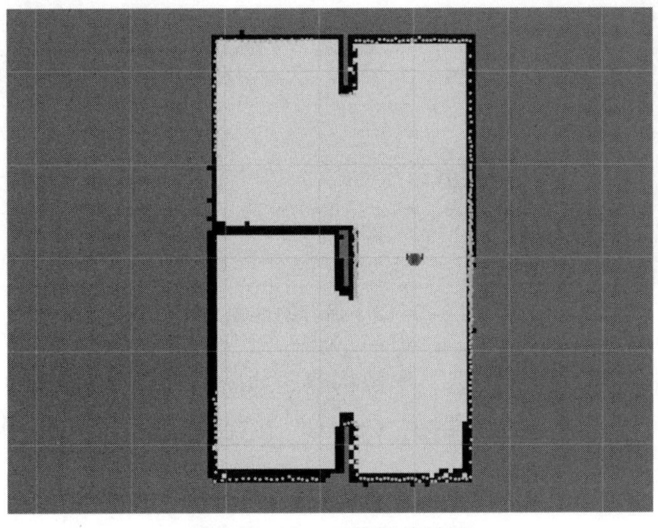

图 8-3-10 二维栅格地图

若构建的地图符合预期，可以输入以下命令来保存地图。需要注意的是，在地图保存完成前不能关闭或退出 RViz 和建图的终端。

```
$ rosrun map_server map_saver -f ~/house_10map
```

如图 8–3–11 所示，当保存地图命令终端的状态显示为“Done”时，表明地图已成功保存，可在主目录下找到保存的文件 house_10map.pgm 和 house_10map.yaml，如图 8–3–12 所示。其中，house_10map.pgm 为栅格地图的缩略示意图，house_10map.yaml 为栅格地图的参数文件。机器人导航调用的地图文件以参数文件为主。

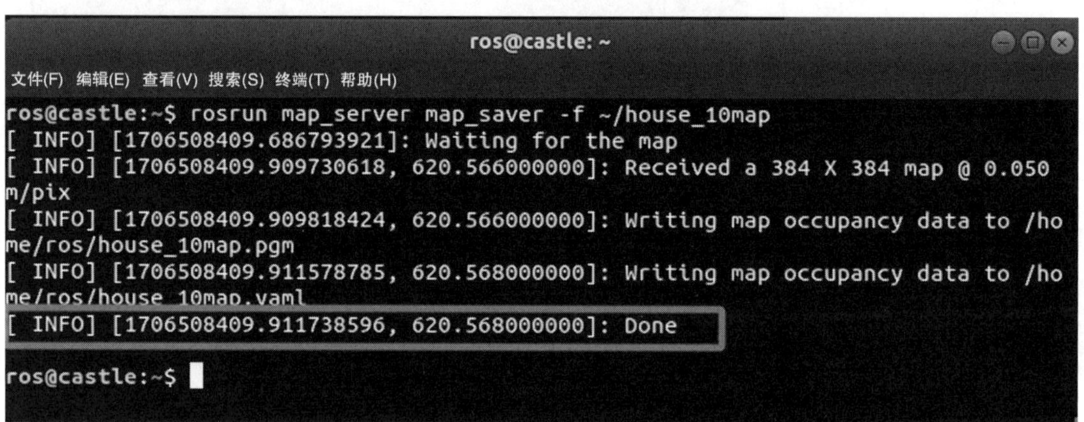

图 8–3–11　保存地图命令终端的状态显示为“Done”

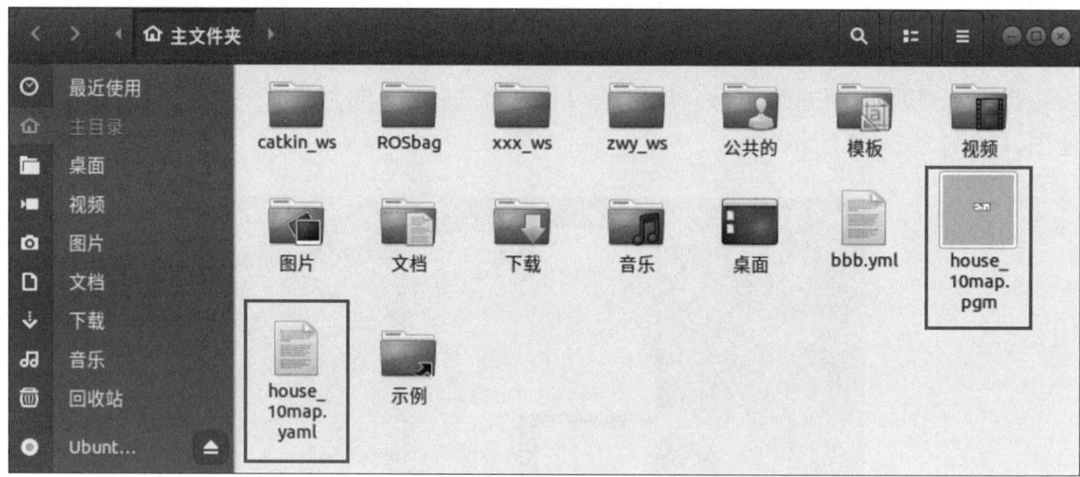

图 8–3–12　保存的地图文件

若扫描过程中出现碰撞或延迟，导致构建的地图不理想，如构建的地图与仿真环境中的地图不同，可以在建图的终端按“Ctrl+C”快捷键退出，然后再次运行建图指令重新构建地图。

任务小结

完成任务实施的内容，将记录的栅格地图参数填入表 8-3-1 中。

表 8-3-1　任务小结

课后拓展

1. SLAM 的常用算法有哪些？它们各自的优缺点是什么？
2. 使用项目八任务二课后拓展题目中搭建的仿真环境进行建图。
3. 使用 turtlebot3_gazebo/launch 中其他已设置好的仿真环境进行建图。

在仿真环境中实现点对点导航

任务目标

1. 了解导航功能包
2. 了解地图的构建与定位
3. 了解代价地图和地图规划
4. 能在仿真环境中实现点对点导航

课前预习

预习本任务的基础知识，回答以下问题：

1. 什么是代价地图？
2. 代价地图中的蓝色、红色、灰色、白色和黑色代表的意义分别是什么？

基础知识

一、导航（navigation）功能包

机器人导航是机器人的基本功能之一，ROS 提供了完整的导航解决方案，包括全局路径规划、局部路径规划、代价地图、异常行为恢复等功能，这些功能被集成在 ROS 的 Navigation Stack 元功能包中。Navigation Stack 提供了一套强大而灵活的导航框架，可以适应不同类型的机器人和各种复杂环境下的导航需求。

使用导航功能包的前提条件是机器人运行 ROS、发布 tf 变换树和使用 ROS 消息类型的传感器数据。在使用 ROS 导航功能包时，需要对导航参数进行适当配置，包括地图分辨率、全局和局部路径规划器的参数、代价地图的参数等。这些参数可以根据机器人的特性和实际环境的要求来设置，以实现高效、安全和可靠的导航。通过使用 ROS 导航功能包，机器人可以在未知环境中进行自主导航，实现从起始位置到目标位置的路径规划和移动，为机器人在实际应用中的任务执行提供了重要支持。

二、地图的构建与定位

ROS 地图的构建与定位是实现自主导航和环境感知的关键步骤，它使机器人能够在各种复杂的环境中移动并执行任务。地图构建与定位的实现依靠环境感知、位姿估计、地图和 SLAM 算法的结合，这一组合使机器人能够在未知环境中构建地图，确定自身位置并进行自主导航。

1. 环境感知

环境感知指系统具备感知周围环境参数的能力，包括采集传感器数据、语义表达、语义查询解析、语义推理等。常见的环境感知传感器包括机器人的激光雷达、摄像头、超声波模块等，它们能够提供环境中物体位置、形状、距离等信息，为机器人的定位和导航提供必要的数据支持。

2. 位姿估计

位姿估计是指确定目标物体在三维空间中的方位和朝向。在机器人视觉、动作跟踪、单照相机定标等领域，位姿估计扮演着重要角色。不同领域的位姿估计使用的传感器也不同，例如，在机器人视觉领域常使用摄像头进行位姿估计，而在动作跟踪领域可能使用惯性测量单元（IMU）等传感器来获取姿态信息。

3. 地图

地图在机器人导航中起着关键作用，是机器人执行自主导航和环境感知任务的关键工具之一。ROS 中的地图通常指的是环境的二维或三维表示，它包含了机器人所处环境

的关键信息，如障碍物位置、自由空间、地标位置等。

4. SLAM 算法

SLAM 算法可以帮助机器人完成路径规划、自主探索、导航等任务。通过将 SLAM 算法与激光雷达、摄像头等传感器相结合，机器人能够高效地绘制室内地图、进行智能分析和规划环境，从而实现自主定位和导航。目前常用的 SLAM 传感器主要分为基于视觉的 VSLAM（Visual SLAM）和基于激光雷达的激光 SLAM（Lidar SLAM），它们能够帮助机器人在未知环境中逐步确定自身的定位并进行导航，实现自主移动。

三、代价地图（costmap）

代价地图是机器人收集传感器信息建立和更新的二维或三维地图，如图 8-4-1 所示。代价地图中的颜色代表的意义见表 8-4-1。

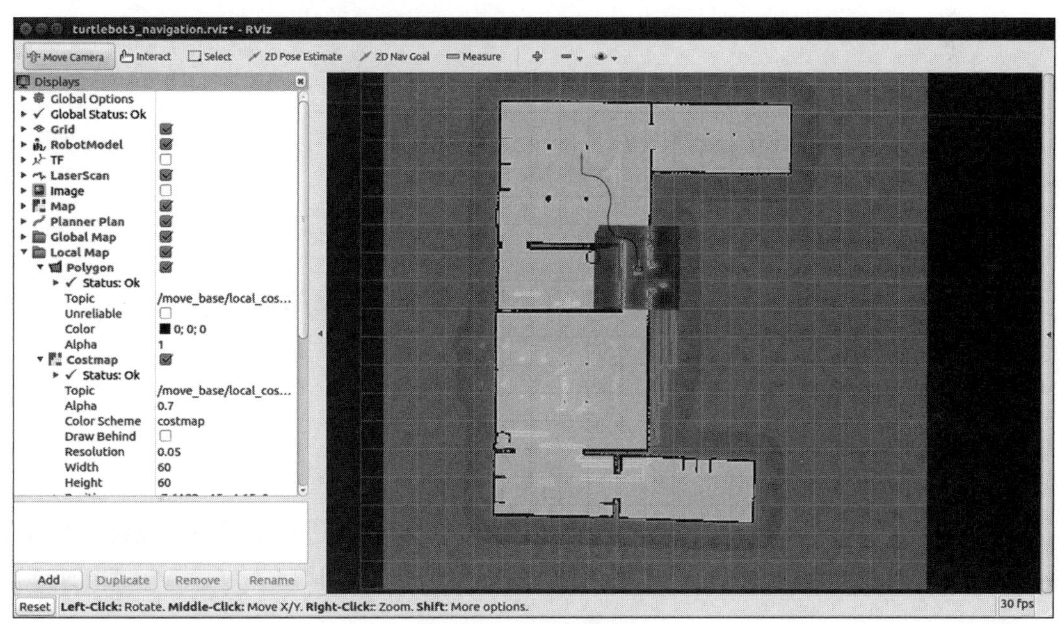

图 8-4-1　代价地图

表 8-4-1　代价地图中的颜色代表的意义

地图颜色	代表意义
蓝色	通过机器人内切圆半径膨胀出的障碍
红色	激光雷达探测到的障碍点（障碍物轮廓点阵）
灰色	没有探索到的未知区域
白色	已经探明的不存在静态障碍物的区域
黑色	静态障碍物轮廓

ROS 的代价地图是一种用网格形式表示的地图，每个网格的值为 0~255，表示该网格的代价。代价地图将环境划分为三种状态：被占用区域、自由区域和未知区域。被占用状态表示该网格被障碍物占据，机器人无法通过，这些网格通常具有较高的代价值。自由区域表示无障碍物的可行区域，机器人可以自由移动，这些网格通常具有较低的代价值。未知区域表示机器人尚未探测到的区域，这些区域的状态和障碍物情况未确定。

代价地图分为全局代价地图和局部代价地图，分别作用于全局路径规划器和局部路径规划器。这两种代价地图都可以通过配置各自的图层来实现更灵活的应用，图层分为静态地图层、障碍地图层、膨胀层和其他图层。

1. 静态地图层

静态地图层通常是用 SLAM 构建的地图，用于表示环境的静态结构。

2. 障碍地图层

障碍地图层用于动态地记录传感器感知的障碍信息，实时更新机器人周围的障碍物位置。

3. 膨胀层

膨胀层在静态地图和障碍地图的基础上进行膨胀操作，以避免机器人碰撞到障碍物。这一图层的作用是为规划器提供安全的轨迹。

4. 其他图层

其他图层是用户通过插件添加的自定义图层，以满足特定场景或需求。

四、路径规划

1. 全局路径规划

机器人若要移动到目的地，则需要在做出具体移动策略前进行全局路径规划，ROS 的 navigation 中使用 global_planner 包提供一系列全局规划的算法接口（包括 A*、Dijkstra）。

2. 局部路径规划

机器人获得目的地信息后，首先通过全局路径规划设计出一条大致可行的路线，然后调用局部路径规划器，根据规划路线及代价地图的信息规划出机器人的局部具体行动策略。ROS 中主要使用了 DWA 算法，每当 move_base 处于规划状态就调用 DWA 算法计算出一条最佳的速度指令，发送给机器人运动底盘执行。

任务实施

本任务需要在确保任务二和任务三已经完成的前提下，在 Gazebo 仿真环境中使用 turtlebot3 模型和构建好的二维栅格地图实现机器人导航功能。

一、打开机器人导航环境

1. 在确保任务二和任务三已经完成的基础上，新建一个终端，输入以下命令，加载任务二中搭建好的仿真环境模型，如图 8–4–2 所示。

```
$ roslaunch turtlebot3_gazebo house_10.launch
```

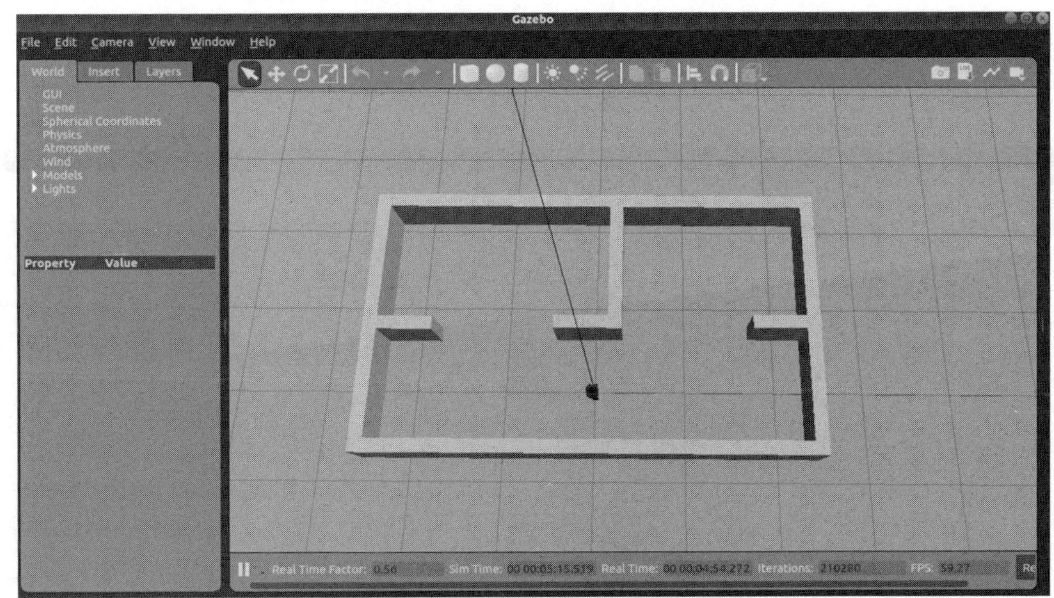

图 8–4–2　加载仿真环境模型

2. 新建一个终端，输入以下命令，运行机器人导航功能包并加载任务三仿真环境中已经建好并保存的地图，如图 8–4–3 所示。

```
$ roslaunch turtlebot3_navigation turtlebot3_navigation.launch map_file:=$HOME/
house_10map.yaml
```

说明：“map_file:=”后为地图路径以及文件名称。

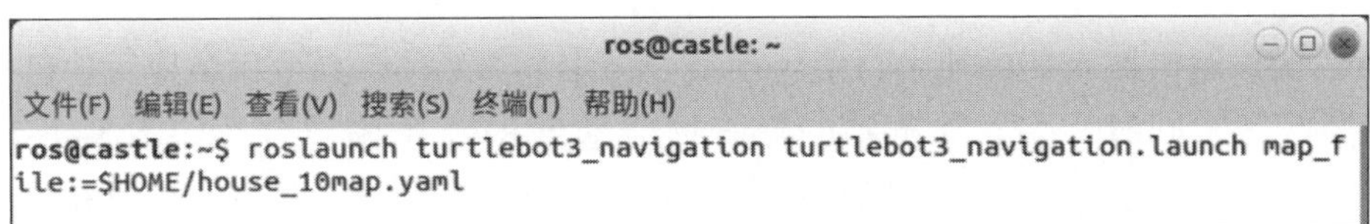

图 8–4–3　运行机器人导航功能包并加载地图

二、机器人定位

运行机器人导航功能包后，将会自动弹出 RViz 可视化工具，如图 8–4–4 所示。图中很多分散的绿色小箭头是机器人蒙特卡罗自适应定位算法的体现，小箭头的位姿和密集程度分别代表了机器人目前所在位置和概率，概率指机器人当前位置的置信度或可信度。蒙特卡罗自适应定位（monte carlo localization，MCL）是一种基于粒子滤波的定位方法，它在机器人可能存在的所有位置放置大量的粒子（箭头），然后根据传感器测量信息不断更新这些粒子的权重，以确定机器人最有可能存在的位置。箭头的密集程度和方向表示这些粒子的分布情况，箭头密集的区域说明机器人位于该区域的概率更高，而箭头的方向表示机器人可能的朝向。从图 8-4-4 中可以看出，机器人定位在机器人模型附近的概率较高，在远离机器人模型的位置概率较低。此时机器人的自主定位尚不够准确，需要进一步定位。

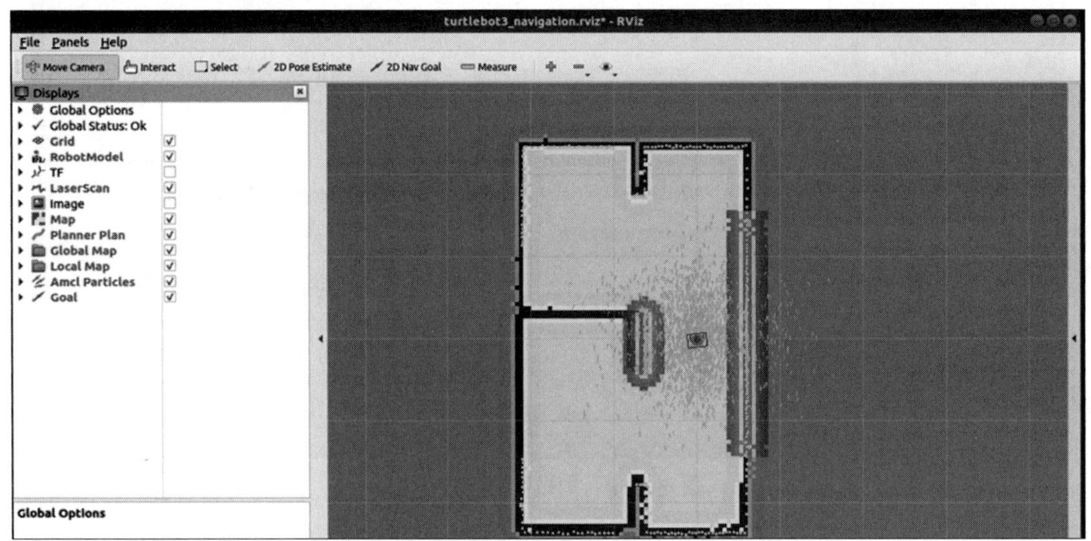

图 8-4-4　运行导航功能包后的初始界面

1. 根据机器人在仿真环境中的位置，单击 RViz 工具栏中的“2D Pose Estimate”，在 RViz 环境中设置机器人的初始位置。

2. 新建一个终端，输入以下命令，打开机器人键盘控制。

```
$ roslaunch turtlebot3_teleop turtlebot3_teleop_key.launch
```

3. 缓慢控制机器人在场地上行走（前进、后退和旋转），直至自适应定位的绿色小箭头逐渐收敛，同时传感器检测到的障碍物信息与 RViz 地图重合。如图 8-4-5 所示，此时图中机器人位姿与 Gazebo 仿真环境中一致，同时满足绿色小箭头收敛和传感器检测障碍物信息与 RViz 地图重合，机器人定位完成。

三、机器人导航至目标点

1. 单击 RViz 工具栏中的“2D Nav Goal”，设定导航目标点。

2. 导航目标点设定完成后，会显示一条朝着终点位姿规划的导航路径，其中红色路径为全局规划路径，黄色路径为局部规划路径，如图 8-4-6 所示。返回 Gazebo 仿真，可以看到机器人将沿着规划路径行走。

3. 机器人到达终点会自动停止，同时导航的终端中也会显示“Goal reached”，如图 8-4-7 所示。

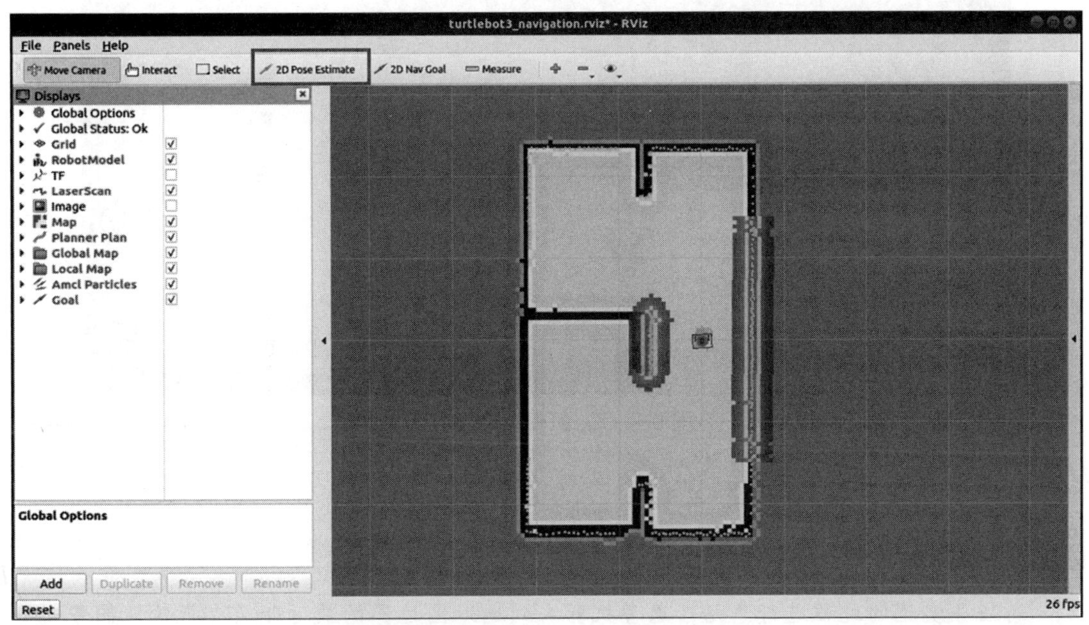

图 8-4-5　机器人自适应定位完成

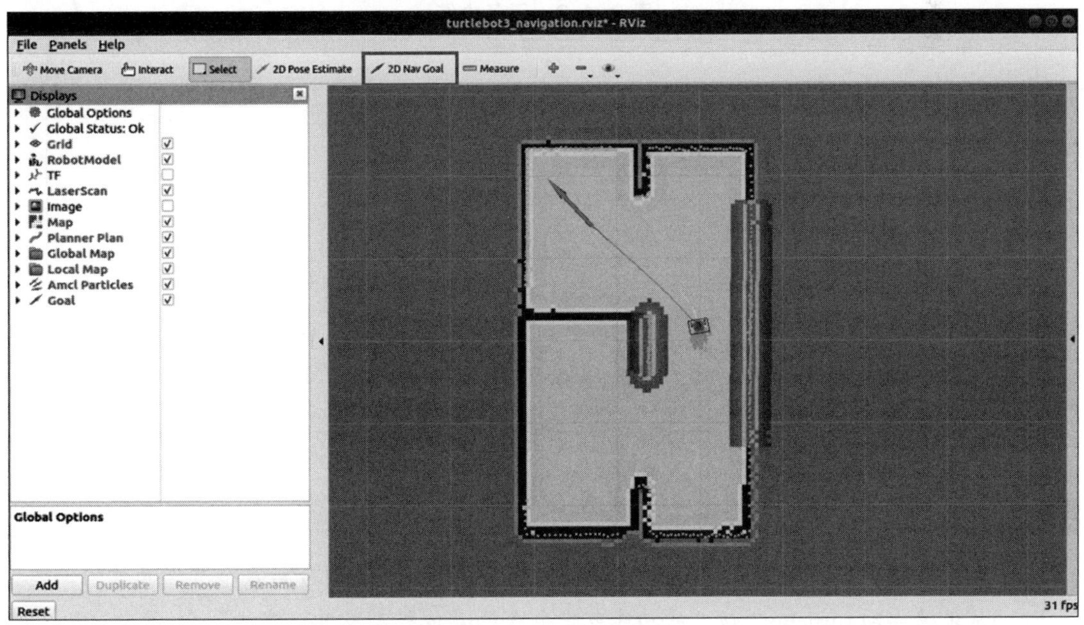

图 8-4-6　机器人导航

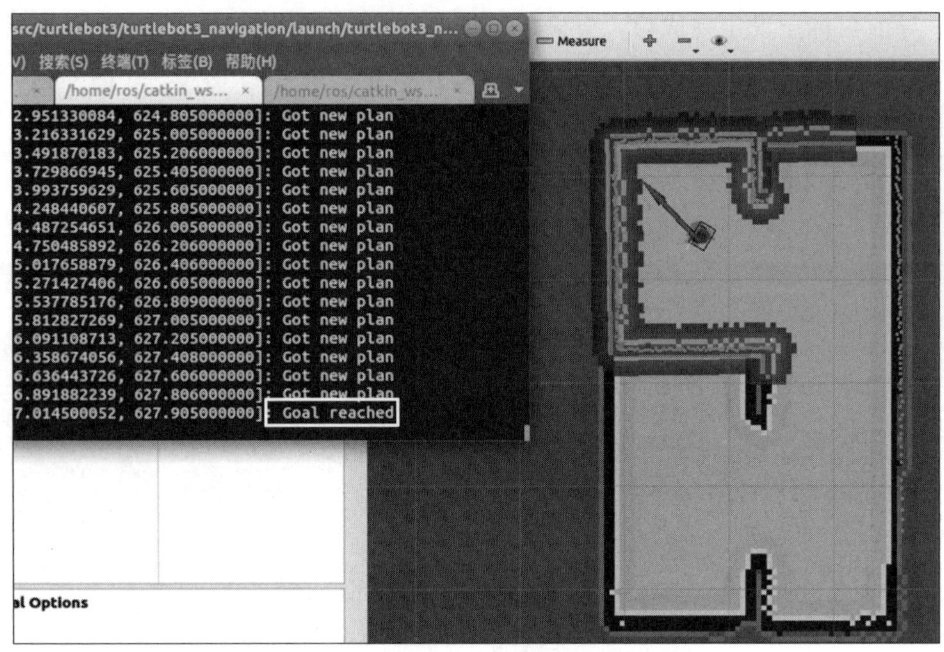

图 8–4–7　机器人到达终点

任务小结

对任务实施的过程进行总结，思考机器人到达地图边界的最近距离受代价地图中哪些因素的影响，将结果填入表 8–4–2 中。

表 8–4–2　任务小结

课后拓展

1. 试查看机器人导航过程中启动了哪些节点，并通过计算图分析每个节点的作用。
2. 试记录启动 turtlebot3 仿真的功能包中包含的其他模型及其功能。